AF551405

EUL
VERLAG

MARKETING

Herausgegeben von Prof. Dr. Heribert Gierl, Augsburg, Prof. Dr. Roland Helm, Regensburg, Prof. Dr. Frank Huber, Mainz, und Prof. Dr. Henrik Sattler, Hamburg

Band 67
Frank Huber, Michael Lenzen, Sophie Vizethum und Isabelle Weißhaar
Erlebnis-Shopping Concept Stores – Eine empirische Analyse des Einkaufserlebnisses durch Lifestyle und Atmosphäre
Lohmar – Köln 2013 • 144 S. • € 43,- (D) • ISBN 978-3-8441-0231-4

Band 68
Frank Huber, Frederik Meyer und Isabelle Weißhaar
Die Rolle von Markenvertrauen für die Erreichung von Konsumzielen – Eine kausalanalytische Studie am Beispiel von gesunder Ernährung mit Functional Food
Lohmar – Köln 2013 • 164 S. • € 47,- (D) • ISBN 978-3-8441-0256-7

Band 69
Frank Huber, Frederik Meyer und Cecile Czarnowski
Wirkung affektiver und funktionaler Reputation auf das emotionale Markenerleben – Eine empirische Analyse am Beispiel der Marke Abercrombie & Fitch
Lohmar – Köln 2014 • 128 S. • € 42,- (D) • ISBN 978-3-8441-0332-8

Band 70
Frank Huber, Eva Appelmann und Michael Lenzen
Pay-What-You-Want – Konsumentenmotive freiwilliger Zahlungen im Rahmen partizipativer Preismechanismen
Lohmar – Köln 2016 • 132 S. • € 43,- (D) • ISBN 978-3-8441-0448-6

Band 71
Frank Huber, Frederik Meyer, Julia Hamprecht und Jasmin Fabian
Adaption gesellschaftlicher Trends durch Markentransfers – Eine empirische Analyse zur Identifikation relevanter Stellhebel für die Imageaktualisierung
Lohmar – Köln 2016 • 180 S. • € 48,- (D) • ISBN 978-3-8441-0449-3

Band 72
Frank Huber, Anita Eisele und Lea Maria Demmer
Der ambivalente Konsument – Eine empirische Analyse zur Entstehung gemischter Gefühle im Kaufprozess
Lohmar – Köln 2016 • 132 S. • € 43,- (D) • ISBN 978-3-8441-0453-0

JOSEF EUL VERLAG

Reihe: Marketing · Band 72

Herausgegeben von Prof. Dr. Heribert Gierl, Augsburg, Prof. Dr. Roland Helm, Regensburg, Prof. Dr. Frank Huber, Mainz, und Prof. Dr. Henrik Sattler, Hamburg

Prof. Dr. Frank Huber
Anita Eisele
Lea Maria Demmer

Der ambivalente Konsument

Eine empirische Analyse zur Entstehung gemischter Gefühle im Kaufprozess

Bibliografische Information der Deutschen Nationalbibliothek

Die Deutsche Nationalbibliothek verzeichnet diese Publikation in der Deutschen Nationalbibliografie; detaillierte bibliografische Daten sind im Internet über <http://dnb.d-nb.de> abrufbar.

ISBN 978-3-8441-0453-0
1. Auflage April 2016

© JOSEF EUL VERLAG GmbH, Lohmar – Köln, 2016
Alle Rechte vorbehalten

JOSEF EUL VERLAG GmbH
Brandsberg 6
53797 Lohmar
Tel.: 0 22 05 / 90 10 6-6
Fax: 0 22 05 / 90 10 6-88
E-Mail: info@eul-verlag.de
http://www.eul-verlag.de

Bei der Herstellung unserer Bücher möchten wir die Umwelt schonen. Dieses Buch ist daher auf säurefreiem, 100% chlorfrei gebleichtem, alterungsbeständigem Papier nach DIN 6738 gedruckt.

Vorwort

Die zunehmende Medienvielfalt und die damit einhergehende Informationsflut begünstigen veränderte Prozesse in der Informationsverarbeitung und Einstellungsbildung. Dies zeigt sich u.a. in dem komplexen Erleben von Ambivalenz, d.h. der gleichzeitigen Empfindung sowohl positiver als auch negativer Gefühle und Gedanken. Die Entwicklung eines tiefergehenden Verständnisses für das Erleben von Ambivalenz und Unbehagen ist hierbei nicht nur aus verhaltenswissenschaftlicher und sozialpsychologischer Sicht, sondern auch in wirtschaftlicher Hinsicht von Bedeutung. Es stellt sich die Frage, wie Anbieter den Entscheidungsprozess ambivalenter Konsumenten beeinflussen können, um eine Ausschöpfung bisher nicht realisierter Potenziale zu erreichen.

Zur Beantwortung dieser Frage wird der Einfluss der affektiven Komponente der Valenz und der kognitiven Komponente der Konsistenz der Produktinformationen auf die Entstehung von Ambivalenz und Unbehagen untersucht. Unter Berücksichtigung des antizipierten Bedauerns betrachten die Autoren weiterhin, zu welchem Zeitpunkt Ambivalenz als unangenehm empfunden wird und unter welchen Bedingungen Konsumenten bereit sind, nach zusätzlichen Produktinformationen zu suchen. Die unterstellten Wirkungszusammenhänge werden mittels einer Onlinebefragung zu einem fiktiven Pkw-Einzeltest einer Autofachzeitschrift untersucht. Die empirischen Ergebnisse zeigen den positiven Einfluss überwiegend negativer und den positiven Einfluss inkonsistenter Produktinformationen auf die Entstehung von Ambivalenz. Ferner bestätigen sie eine enge Beziehung zwischen Ambivalenz und Unbehagen, welche durch antizipiertes Bedauern mediiert wird. Daher sollte bei der Entwicklung von Marketingstrategien berücksichtigt werden, zu welchem Zeitpunkt im Kaufentscheidungsprozess Ambivalenz als potenziell unangenehm empfunden wird. An die Interpretation der Ergebnisse schließt sich die Ableitung forschungs- und praxisrelevanter Implikationen an.

Mainz, im Februar 2016

Frank Huber
Anita Eisele
Lea Maria Demmer

Inhaltsverzeichnis

Abbildungsverzeichnis

Tabellenverzeichnis

Abkürzungsverzeichnis

AB	Antizipiertes Bedauern
abh.	abhängig
ADAC	Allgemeiner Deutscher Automobil-Club e. V.
AM	wahrgenommene Ambivalenz
ANCOVA	Analysis of Covariance
ANOVA	Analysis of Variance
bspw.	beispielsweise
bzw.	beziehungsweise
d.h.	das heißt
DAT	Deutsche Automobil Treuhand
DEV	durchschnittlich erfasste Varianz
df	degrees of freedom
Ed.	Editor
Eds.	Editoren
Engl.	Englisch
et al.	et alii (und andere)
f.	folgende Seite
FAZ	Frankfurter Allgemeine Zeitung
ff.	folgende Seiten
ggü.	gegenüber
GQ	Glaubwürdigkeit der Informationsquelle
GQE	Glaubwürdigkeit der Informationsquelle (Expertise)
GQV	Glaubwürdigkeit der Informationsquelle (Vertrauenswürdigkeit)
H	Hypothese
IBM	International Business Machines Corporation
IF	Absicht der Informationssuche
IfD	Institut für Demoskopie

IN	Involvement
KBA	Kraftfahrt-Bundesamt
KS	Konsistenzstreben
KÜS	Kraftfahrzeug-Überwachungsorganisation
MANCOVA	Multivariate Analysis of Covariance
MANOVA	Multivariate Analysis of Variance
n	Stichprobenumfang
part.	partielles
Pkw	Personenkraftwagen
PLS	Partial Least Squares
r	reverse
S.	Seite
Sig.	Signifikanz
sog.	sogenannt
u.a.	unter anderem
UN	Unbehagen
UR01	Konsistenz der Produktinformationen
UR02	Valenz der Produktinformationen
VAF	Variance Accounted For
Vgl.	Vergleiche
VIF	Varianzinflationsfaktor
Vol.	Volume
vs.	versus
zit.	zitiert

1 Zur Relevanz der Wirkungserforschung von Ambivalenz

Moderne Informations- und Kommunikationstechnologien beeinflussen das alltägliche Leben in einem erheblichen Ausmaß, wobei der Austausch von Informationen einen zentralen Bestandteil dieser Entwicklung darstellt. Bereits zu Beginn des 21. Jahrhunderts konnten Informationen digital statt analog gespeichert werden und das sog. „Digitale Zeitalter" begann (Hilbert & López, 2011, S. 60 ff.). Die verfügbaren Informationskanäle und die stete Angebotsvielfalt erleichtern die Nachrichtenbeschaffung in bisher unbekanntem Ausmaß. Doch immer häufiger sind im Zusammenhang mit der Digitalisierung Begriffe wie „Informationsflut" oder „Schwemme an Informationen" zu hören. Mittlerweile fühlt sich fast jeder dritte Deutsche regelmäßig von der Masse an Informationen in den Medien überflutet, weitere 30 Prozent fühlen sich zumindest manchmal überfordert, wobei die empfunden Reizüberflutung mit steigendem Alter zunimmt (Bitkom, 2011, S. 37 f.).

In der modernen Gesellschaft werden wir Tag für Tag mit mehr als 6.000 Werbekontakten konfrontiert (Handelsblatt, 2004). Mit steigender Anzahl an Informationen nimmt gleichzeitig auch die Menge an widersprüchlichen, nicht eindeutigen Informationen zu (van Harreveld et al., 2015, S. 317). Eine mögliche Konsequenz der vorherrschenden Medienvielfalt und Informationsflut zeigt sich daher in dem komplexen Erleben von Ambivalenz – einem Phänomen, welches in der Wissenschaft jahrelang mit zu wenig Aufmerksamkeit bedacht und zuweilen nur als Messfehler interpretiert wurde. Geprägt wurde der Begriff der Ambivalenz von *Eugen Bleuler* (1911), einem Schweizer Psychiater, welcher sich zeitlebens mit der psychischen Störung der Schizophrenie befasste. Mithilfe des Begriffs der Ambivalenz versuchte *Bleuler* die Widersprüchlichkeit und damit die Zerrissenheit von Gefühlen und Bewertungen als Hauptsymptom der Schizophrenie zu beschreiben. In seiner Darstellung kennzeichnet sich der Zustand der Ambivalenz durch zwei sich widersprechende, aber unverbunden nebeneinander existierende Gefühle (Bleuler, 1914, S. 96) und somit durch eine „doppelte Wertung, die naturgemäß meist eine gegensätzliche ist" (Bleuler, 1914, S. 106). Auch *Freuds* (1996, S. 73) Verständnis von Ambivalenz im Rahmen der Psychoanalyse baut auf dieser Definition auf und stellt die Koexistenz von Hass und Liebe in den Mittelpunkt – und somit zweier Affekte in ihrer extremsten Ausprägung.

Unmittelbar verknüpft mit dem Phänomen der Ambivalenz sind Inkonsistenzen. Grundsätzlich ist menschliches Handeln von dem Bedürfnis nach Konsistenz geprägt (Felser, 2015, S. 224; Festinger, 1957, S. 1). In der Sozialpsychologie wird Konsistenz zumeist als innere Stimmigkeit, d.h. als Widerspruchsfreiheit, interpretiert (Wiswede, 2004, S. 320). Sog. Konsistenztheorien, wie die Balancetheorie nach *Heider* (1946, S. 107 f.) oder die Kongruenztheorie nach *Osgood und Tannenbaum* (1955, S. 42 f.), legen hierbei häufig den Fokus auf die Betrachtung des (widerspruchsfreien) Verhältnisses unterschiedlicher Kognitionen (Felser, 2015, S. 224). Kognitionen können als Zustände und Prozesse verstanden werden, welche unmittelbar mit der Entstehung und Erkenntnis von Wissen zu tun haben wie etwa Wahrnehmen, Vorstellen, Denken, Verstehen oder Urteilen (Wiswede, 2004, S. 291). *Jonas et al.* (1997, S. 198) konnten bspw. nachweisen, dass inkonsistente Informationen einen höheren Grad an Ambivalenz hervorrufen als konsistente Informationen. Doch neben der kognitiven Komponente spielen auch Affekte im Zusammenhang mit Ambivalenz eine entscheidende Rolle. *Eagly und Chaiken* (1998, S. 272) beschreiben Affekte als Gefühle, Stimmungslagen und Emotionen, welche Personen im Zusammenhang mit einem bestimmten Einstellungsobjekt erleben und folglich mit diesem in Verbindung bringen. Diesbezüglich ist bspw. die Theorie der affektiv-kognitiven Konsistenz nach *Rosenberg* (1960, S. 15 ff.) von Interesse. Diese postuliert, dass Individuen stets danach streben, die affektiven und kognitiven Komponenten ihrer Einstellungen miteinander in Einklang zu bringen (Wiswede, 2004, S. 321). Inkonsistenzen treten folglich auf, wenn die Gefühle einer Person nicht übereinstimmend sind mit ihrer Meinung bezüglich eines Objektes. Im Falle einer wahrgenommenen Inkonsistenz bzw. Dissonanz ist das Individuum dabei bemüht, entweder die affektive Bewertung des entsprechenden Einstellungsobjektes oder aber die kognitive Überzeugung über seine Beschaffenheit zu ändern (Koschnick, 1995, S. 19). Das Modell der affektiv-kognitiven Konsistenz beschäftigt sich also mit Konsistenz innerhalb der Einstellung gegenüber einem Einstellungsobjekt.

Ferner spielt Konsistenz im Zusammenhang mit menschlichen Handlungen und Handlungsabsichten und somit der Übereinstimmung zwischen Einstellung und Verhalten eine wichtige Rolle (Eagly & Chaiken, 1998, S. 271; Wiswede, 2004, S. 321).[1] Dementsprechend ist Ambi-

[1] Van Harreveld et al. (2015) definieren diesbezüglich das sog. „ABC der Ambivalenz". Hierbei steht „A" für Affekt, „B" für Verhalten (engl.: Behavior) und „C" für Kognition (engl.: Cognition).

valenz nicht nur aus verhaltenspsychologischer und soziologischer Sicht, sondern auch in ökonomischer Hinsicht von Interesse. Ein grundlegendes Verständnis der Begünstigungsfaktoren sowie der Wirkungsmechanismen von Ambivalenz ist unabdingbar, um nachvollziehen zu können, weshalb ein bestimmtes Konsumentenverhalten auftritt und auf welche Art und Weise sich dieses im Verlauf des Kaufentscheidungsprozesses beeinflussen lässt. Im Gegensatz zu univalenten Einstellungen lassen sich ambivalente Einstellungen deutlich leichter beeinflussen und somit verändern. Dies ist besonders zu Beginn des Kaufentscheidungsprozesses von Interesse. Ambivalent eingestellte Konsumenten können mithilfe von vielfältigen Werbemaßnahmen dahingehend beeinflusst werden, dass ihre positiven Meinungen bezüglich des Einstellungsobjektes verstärkt bzw. ihre negativen Meinungen abgeschwächt werden. Strategien für eindeutig negativ eingestellte Konsumenten sind demgegenüber mit deutlich mehr Aufwand verbunden, da zunächst eine ambivalente Einstellung hergestellt werden muss, welche erst zu einem späteren Zeitpunkt in eine positive Einstellung umgewandelt werden kann (Olsen et al., 2005, S. 264). Daher lassen sich ambivalente Einstellungen in diesem Zusammenhang auch als sog. schwache Einstellungen bezeichnen. Im Gegensatz zu starken Einstellungen sind sie bspw. weniger beständig und deutlich anfälliger für äußere Beeinflussungen (Ajzen, 2001, S. 37; Armitage & Conner, 2000, S. 1429; Nordgren et al., 2006, S. 252).

Ambivalenz darf jedoch nicht mit einer aversiven, negativ konnotierten Empfindung gleichgesetzt werden. Viel mehr ist sie als ein Phänomen zu verstehen, welches hauptsächlich vor einer Entscheidung auftritt. Demgegenüber bezieht sich Dissonanz eher auf den Konflikt zwischen Einstellung und Verhalten nach einer Entscheidung. Liegt kein Zwang bezüglich der eindeutigen Entscheidung für eine der beiden Seiten vor, so muss eine ambivalente Einstellung nicht zwangsläufig mehr Unbehagen beim Einstellungsinhaber auslösen als eine univalente Einstellung (van Harreveld et al., 2009a, S. 168 ff.). *Hogarth* (1981, S. 199 f.) verdeutlicht diese Erkenntnis mithilfe der folgenden Analogie: Die Beurteilung zweier Seiten durch eine ambivalent eingestellte Person ähnelt dem Zielen mit einer geladenen Waffe. Das Abdrücken und somit Abfeuern der Kugel ist verbindlich und legt die Person zwangsweise auf die aktuell von ihr gewählte Seite fest. Ohne den Zwang des Abdrückens bleibt die vermeintliche Wahl für eine der beiden Seiten jedoch ohne Konsequenzen und muss somit nicht unmittelbar zu Gefühlen des Unbehagens führen. Muss sich das betroffene Individuum jedoch unwiderruflich für eine der beiden Seiten entscheiden, so löst dies negative Gefühle aus. Für eine ambivalent eingestellte Person ist keine der beiden Seiten vollkommen zufriedenstellend und somit geht die Entscheidung unweigerlich mit einem Gefühl des Verlustes einher (Hogarth, 1981, S. 201; van Harreveld et al., 2009a, S. 168). Anhand dieser Analogie wird deutlich, dass Ambivalenz nicht unmittelbar mit Unbehagen gleichgesetzt werden kann, sondern diesbezüglich tiefergehende Wirkungsmechanismen zu berücksichtigen sind (Newby-Clark et al., 2002; Nordgren et al., 2006; van Harreveld et al., 2009a). Insbesondere in Bezug auf das Entscheidungsverhalten werden die komplexen, bisher zum Teil nur wenig erforschten Strukturen von Ambivalenz deutlich. Auch gibt es nur eine geringe Anzahl an Studien, in welchen Ambivalenz experimentell erzeugt und nicht lediglich deskriptiv beobachtet wird (vgl. u.a. Jonas et al., 1997). Daher beschäftigt sich diese Studie mit der Frage, welchen Einfluss die Valenz und die Konsistenz von Produktinformationen auf die Entstehung konsumentenseitiger Ambivalenz im Kaufentscheidungsprozess haben. Unter Einbezug des antizipierten Bedauerns über eine bevorstehende Entscheidungssituation findet darüber hinaus Berücksichtigung, zu welchem Zeitpunkt Ambivalenz mit der Empfindung von Unbehagen einhergeht. Ferner wird untersucht, unter welchen Bedingungen Konsumenten bereit sind, vor diesem mentalen Hintergrund nach weiteren Informationen zum Einstellungsobjekt zu suchen.

In *Kapitel 2* dieses Buches wird hierzu zunächst der Begriff der Ambivalenz ausführlich erläutert, wobei relevante Theorien aus den Bereichen der Psychologie, Soziologie und Ökonomie zu dessen Erklärung dienen. Basierend auf den theoretischen Grundlagen folgt in *Kapitel 3* die Konzeptualisierung eines Untersuchungsmodells. Dieses stellt die postulierten Ursache-Wirkungszusammenhänge zwischen den unabhängigen Variablen der Valenz sowie Konsistenz der Produktinformationen und den abhängigen Variablen der wahrgenommenen Ambivalenz gegenüber dem Produkt, des antizipierten Bedauerns, des Unbehagens sowie der Absicht nach weiteren Informationen zu suchen, dar. Weiterhin finden hier auch die moderierenden Variablen des Konsistenzstrebens, der Glaubwürdigkeit der Informationsquelle und des Entscheidungszwangs Berücksichtigung. Mittels einer Varianzanalyse sowie einer Kausalanalyse werden die Zusammenhänge in *Kapitel 4* empirisch überprüft und präsentiert. Im Anschluss folgen die Interpretation der Ergebnisse sowie die Ableitung von Implikationen für die Marketingforschung und –praxis.

2 Begriffsdefinitionen und theoretische Grundlagen zu Ambivalenz

2.1 Theoretische Grundlagen zu Ambivalenz

2.1.1 Definition und Abgrenzung des Begriffs Ambivalenz

Eine Einstellung ist als psychologische Tendenz zu verstehen, welche sich durch die Bewertung eines bestimmten Objekts im Sinne von Zustimmung oder Ablehnung ausdrückt (Eagly & Chaiken, 1993, S. 1). Dies bedeutet, dass einer individuellen Einstellung entweder positive oder negative Gefühle zugrunde liegen (Cacioppo et al., 1981, S. 32). *Allport* (1935, S. 818) ergänzt diese Definition und bezeichnet eine Einstellung als gelernte Neigung, auf ein bestimmtes Objekt konsistent positiv oder negativ zu reagieren. Deutlich wird hierbei die strikte Annahme, dass jedes beliebige Individuum zu jedem beliebigen Objekt maximal eine, und nur eine, Einstellung besitzt. Dem klassischen Verständnis von Einstellungen liegen somit Merkmalsdimension wie „gut" oder „schlecht", „schädlich" oder „nützlich", „angenehm" oder „unangenehm" zugrunde (Ajzen, 2001, S. 28).

Doch nicht immer gestalten sich Einstellungen so eindeutig. Wenn vielmehr positive und negative Meinungen, Gefühle und Bewertungen bezüglich eines Objektes zeitgleich vorliegen, kann eine Einstellung nicht mehr als eindimensionales Konstrukt bestehen (Ajzen, 2001, S. 34; Jonas et al., 1997, S. 191). Häufig ist diese Form einer Einstellung verknüpft mit dem Empfinden eines spannungsgeladenen Moments oder einer inneren Konfliktsituation. In der Psychologie wird in diesem Fall von Ambivalenz gesprochen. Das Wort setzt sich zusammen aus dem lateinischen Präfix „ambi", welches „auf beiden Seiten" bedeutet, und dem Verb „valens" bzw. „valere", welches „wert sein" bedeutet (Duden, 2015, S. 78; Langenscheidt, 2015, S. 42, S. 474 f.). Der Begriff der Ambivalenz drückt folglich aus, dass ein Individuum bezüglich eines bestimmten Objektes zeitgleich sowohl positive als auch negative Einstellungsmerkmale empfindet (Kaplan, 1972, S. 362). Die individuelle Einstellung lässt sich somit nicht mehr konsistent als positiv oder negativ, schwarz oder weiß, gut oder schlecht einordnen. Ambivalenz kennzeichnet somit einen Spannungszustand, wobei sich das Individuum hin- und hergerissen fühlt zwischen zwei Seiten eines bestimmten Einstellungsobjektes und sich aufgrund der Koexistenz widersprüchlicher Bewertungen in einem Zwiespalt befindet (Newby-Clark et al., 2002, S. 157; Priester & Petty, 1996, S. 431). In ihrer Studie aus dem Jahr 2001 konnten *Larsen et al.* anhand eines konkreten Beispiels anschaulich nachweisen, dass in alltäglichen Situationen das Empfinden von gemischten Gefühlen möglich ist. Zu diesem Zweck befragten sie Kinobesucher nach ihrer Meinung zu dem Film „Das Leben ist schön" – einer Tragikomödie über die Verbindung zwischen einem jüdischen Vater und seinem Sohn, welche größtenteils in einem Konzentrationslager am Rande des Zweiten Weltkriegs spielt. *Larsen et al.* (2001, S. 688) befragten die Kinobesucher sowohl unmittelbar vor als auch nach der Kinovorstellung zu ihrer momentanen Stimmungslage. Während vor der Vorstellung nur 10 Prozent der Besucher angaben, sowohl glücklich als auch traurig zu sein, gaben nach der Vorstellung 44 Prozent der Besucher gemischte Gefühle an. *Larsen et al.* (2001, S. 684) weisen damit nach, dass die dem affektiven Erleben zugrundeliegenden Prozesse und mitunter auch die daraus resultierenden Gefühlen, als bivariat und somit zweidimensional beschrieben werden können.

Auch im täglichen Sprachgebrauch spiegelt sich das Empfinden von Ambivalenz wider. Man fühlt sich „hin- und hergerissen" zwischen zwei Gefühlen, man befindet sich in einem „Zwiespalt", man sitzt möglicherweise „zwischen zwei Stühlen" oder „schwankt" sogar. Möchte man hingegen eine univalente Einstellung zum Ausdruck bringen, so „bekennt" man häufig „einen Standpunkt" oder „bezieht Stellung". In ihrer Studie testen *Schneider et al.* (2013, S. 320) die Hypothese, dass es sich hierbei keinesfalls ausschließlich um Redewendungen handelt, sondern dass die Wahrnehmung von Ambivalenz eng verbunden ist mit dem individuellen Körperempfinden und den Bewegungen des Körpers. Hierzu erhielten Studenten zwei unterschiedliche Versionen eines Zeitungsartikels über ein umstrittenes Thema. Die ambivalente Version des Artikels diskutierte sowohl die Vorteile als auch die Nachteile der Thematik. Die univalente Gruppe hingegen erhielt einen Artikel, in welchem nur die Vorteile des Themas besprochen wurden. Zur Messung der Körperbewegungen, wurden die Probanden anschließend gebeten, über ihre eigene Meinung bezüglich der Thematik zu reflektieren – während sie auf einem „Wii Balance Board"[2] standen. Im Ergebnis bewegten sich ambivalente Probanden mehr hin und her als Probanden, welche keine Ambivalenz empfanden (Schneider et al., 2013, S. 321 f.). Somit gelang es *Schneider et al.* (2013, S. 323) nachzuweisen, dass Körperbewegungen einen wesentlichen Bestandteil von Ambivalenz darstellen und die Wahrnehmung von Ambivalenz eng mit dem körperlichen Empfinden verbunden ist.

---

[2] Hierbei handelt es sich um eine Balance-Körperwaage, welche ursprünglich als Controller für die Spielekonsole Wii von Nintendo entwickelt wurde. Sie misst die Balance sowie den Körperschwerpunkt des Nutzers (Young et al., 2011, S. 303).

Weiterhin ist Ambivalenz nicht zu verwechseln mit Indifferenz. Ambivalenz kennzeichnet sich durch ein sehr hohes Maß sowohl an Positivität als auch an Negativität aus (Cacioppo et al., 1997, S. 3; Kaplan, 1972, S. 362; Thompson et al., 1995, S. 361). Dies bedeutet, eine Person mit einer ambivalenten Haltung empfindet einen Überschuss an Überzeugungen, Auffassungen und Meinungen – im Gegensatz zu einer indifferenten Person, welche Gefühlslosigkeit oder auch Gleichgültigkeit gegenüber dem Einstellungsobjekt und somit einen Mangel an Affekt aufweist (Yoo, 2010, S. 163). Besonders bei der Einstellungsmessung mithilfe „flacher" Skalentechniken wie der des sog. semantischen Differentials wird die dringende Unterscheidung zwischen Ambivalenz und Indifferenz deutlich (Wiswede, 2004, S. 21). Das semantische Differential betrachtet den semantischen Raum als bipolar und definiert somit die individuelle Einstellung als bipolar bewertende Dimension (Kaplan, 1972, S. 362). Hierbei werden zur Messung eine Reihe von Skalen entwickelt, welche durch gegenseitige, antagonistische Adjektive, sog. X-Y-Paare[3], definiert sind. Dies bedeutet, dass sich ein Individuum zwischen zwei gegensätzlichen Adjektiven wie bspw. „weich/hart" oder „gut/böse" entscheiden muss (Wiswede, 2004, S. 118). Falls das Individuum exakt den mittleren Wert zwischen den beiden Extrema auswählt, handelt es sich um eine vermeintlich neutrale Einstellung. Es ist jedoch nicht ersichtlich, ob die Person dem jeweiligen Objekt gegenüber indifferent oder ambivalent eingestellt ist (Kaplan, 1972, S. 362; Scott, 1968, S. 206; Thompson et al., 1995, S. 363 f.). Genau diese Trennung beider Einstellungen ist jedoch in der Realität zwingend notwendig, um ein tiefergehendes Verständnis für das Phänomen der Ambivalenz entwickeln zu können.

2.1.2 Unterscheidung zwischen potentieller und empfundener Ambivalenz

Bei Betrachtung des psychologischen Konstrukts Ambivalenz werden zwei Eigenschaften deutlich: Erstens müssen sowohl positive als auch negative Assoziationen vorhanden sein und zweitens können diese Assoziationen zum gleichen Zeitpunkt von Bedeutung sein. Aufgrund dieser beiden Eigenschaften wird in der Literatur unterschieden zwischen der assoziativen Struktur von Ambivalenz, basierend auf der Gewichtung positiver und negativer Assoziationen (objektive Ambivalenz), und dem Erleben eines Konflikts bedingt durch diese assoziative Struktur (subjektive Ambivalenz) (van Harreveld et al., 2015, S. 288). Daher wird objektive Ambivalenz

[3] X-Y bedeutet in diesem Zusammenhang, dass ein Objekt nicht gleichzeitig durch die Werte X und Y gekennzeichnet sein kann (Kaplan, 1972, S. 362).

häufig als „potenzielle“ Ambivalenz und subjektive Ambivalenz als „empfundene“ Ambivalenz bezeichnet (Newby-Clark et al., 2002, S. 157). Diesbezüglich erfolgt die Messung potenzieller Ambivalenz, d.h. der positiven und negativen Bewertungen des Einstellungsobjekts, indirekt mithilfe zweier unipolarer Skalen (Nordgren et al., 2006, S. 253). Dabei werden die Probanden gebeten, ihre positiven und negativen Gedanken und Gefühle bezüglich des Einstellungsobjektes separat zu bewerten. Um von Probanden eine positive Bewertung eines Einstellungsobjektes zu bekommen, stellt *Kaplan* (1972, S. 365) den Probanden bspw. folgende Frage: Ausschließlich in Anbetracht der positiven Eigenschaften des Einstellungsobjektes und bei Außerachtlassung seiner negativen Eigenschaften, wie positiv bewerten sie die positiven Eigenschaften des Einstellungsobjektes auf einer vierstufigen unipolar positiven Skala? Anschließend werden die Antworten zusammengefasst, um sowohl die Intensität als auch den Grad der Ähnlichkeit zwischen beiden Polen zu erfassen. Eine starke potenzielle Ambivalenz bedeutet demnach, dass die positiven und negativen Bewertungen sowohl stark ausgeprägt als auch in ihrer Ausprägung ähnlich sind (Armitage & Arden, 2007, S. 150). Der Fokus liegt somit auf den strukturellen Eigenschaften der Einstellung (Nordgren et al., 2006, S. 253). Die (operative) Natur des Konstrukts potenzieller Ambivalenz zeigt sich dabei in dem Umstand, dass der Grad möglicher Ambivalenz basierend auf den unabhängigen Bewertungen der Probanden berechnet wird, während ihre Selbsteinschätzung außen vor bleibt (Armitage & Arden, 2007, S. 151; Bassili, 1996, S. 642).

Demgegenüber erfolgt die Messung empfundener Ambivalenz indem Probanden eigenständig bewerten, wie hin- und hergerissen sie sich bezüglich des Einstellungsobjektes fühlen (Priester & Petty, 1996, S. 437). In diesem Fall liegt der Fokus folglich auf dem unmittelbaren Erleben des Konflikts zwischen positiven und negativen Aspekten des Einstellungsobjektes (Nordgren et al., 2006, S. 253). Dies bedeutet, dass die Messung empfundener Ambivalenz auf (meta-)wertende Art und Weise erfolgt. Die Probanden beschreiben ihre eigene Befindlichkeit mit Adjektiven wie „hin- und hergerissen“ oder „unentschlossen“, woraus sich auf das Ausmaß ihrer empfundenen Ambivalenz schließen lässt (Armitage & Arden, 2007, S. 151; Bassili, 1996, S. 645). Es wird deutlich, dass bei Betrachtung potenzieller Ambivalenz in Konflikt stehende Bewertungen scheinbar ruhen, wohingegen bei Betrachtung empfundener Ambivalenz diese widersprüchlichen Bewertungen dem Individuum vollständig bewusst sind (Nordgren et al.,

2006, S. 257). In den folgenden Kapiteln werden relevante theoretische Grundlagen zu kognitiven und affektiven Begünstigungsfaktoren von Ambivalenz sowie den Folgen von Ambivalenz diskutiert.

2.2 Affektive Begünstigungsfaktoren von Ambivalenz

2.2.1 Die bivariate Bewertungsebene

Der unterschiedliche Einfluss positiver und negativer Bewertungen, Emotionen oder Ereignisse ist spätestens seit der 1979 von *Kahneman und Tversky* formulierten Prospect-Theorie bekannt, welche eine Kritik an der klassischen ökonomischen Nutzentheorie darstellt. In dieser Theorie beschäftigen sich *Kahneman und Tversky* (1979, S. 263) mit dem Verhalten und der Entscheidungsfindung unter Unsicherheit und folglich mit Situationen, welche von hypothetischen Wahlen zwischen unterschiedlich risikobehafteten Alternativen geprägt sind. Ihre Forschung beruht nicht auf dem in den Wirtschaftswissenschaften häufig anzufindenden Konzept des stets voll informierten, rational handelnden und somit nutzenmaximierenden „Homo oeconomicus“, dessen Verhalten zu jedem Zeitpunkt vorhersehbar ist (Wiswede, 2004, S. 240). Vielmehr berücksichtigen *Kahneman und Tversky* (1979, S. 274) in ihrer Forschung die Möglichkeit eines unvernünftig und unwirtschaftlich handelnden Individuums. Dabei wird angenommen, dass Individuen Folgen von Entscheidungen für gewöhnlich als Gewinne und Verluste wahrnehmen. Der Nutzen von Handlungsalternativen ist somit als Veränderung relativ zu einem neutralen Referenzpunkt definiert – anstelle einer Betrachtung und Messung in endgültigen Zuständen des Wohlstandes oder Vermögens. Hierbei können unterschiedliche Wahrnehmungsverzerrungen beobachtet werden. Bezüglich der Änderung des Wohlstandes bedeutet dies bspw., dass erwartete Verluste (d.h. Verschlechterungen in Relation zum Referenzpunkt) deutlich stärker gewichtet werden als erwartete Gewinne (d.h. Verbesserungen in Relation zum Referenzpunkt). *Kahneman und Tversky* (1979, S. 279) postulieren, dass die Wertfunktion für Gewinne konkav, die für Verluste hingegen konvex ist, wobei die Funktion für Verluste steiler verläuft als die Funktion für Gewinne.

Diese Verhaltensanomalien bzw. kognitiven Verzerrungen können auch im alltäglichen Leben beobachtet werden. So entsteht ein schlechter erster Eindruck häufig schneller als ein guter und ist zeitgleich deutlich schwieriger zu widerlegen. Darüber hinaus streben Menschen deutlich stärker danach, ein negatives Selbstbild zu vermeiden als ein positives zu erzeugen (Baumeister et al., 2001, S. 323). *Kanouse und Hanson* (1972, S. 57) stellen überdies die Annahme auf, dass zwar die meisten Ereignisse im Leben eines Menschen einen positiven Ausgang haben, äußerst negative Ausgänge jedoch allgemein häufiger zu beobachten sind als äußerst positive Ausgänge. Solchen Zusammenhängen scheint also eine differenzierte Aktivierung positiver und negativer Prozesse voranzugehen. Dies ist vor allem für die Einstellungsforschung und -messung von Interesse. Ein Konzept, welches versucht, die Entstehung u.a. ambivalenter Einstellungen mithilfe der ihr zugrunde liegenden positiven und negativen Bewertungen zu erklären, ist das sog. Evaluative Space Model nach *Cacioppo et al.* (1997, S. 10). Zwar können Einstellungen in ihrem Endpunkt bipolar erscheinen, doch dies impliziert nicht, dass sich auch die zugrunde liegenden Prozesse auf die gleiche Art und Weise gestalten (Cacioppo et al., 1997, S. 6). Daher beschäftigen sich *Cacioppo et al.* (1997, S. 6 f.) viel mehr mit bivariaten anstatt bipolaren Konzepten.[4] Wie bereits angesprochen, ist nicht nur die Valenz der Prozessaktivierung, sondern auch die Stärke der jeweiligen Aktivierung von Interesse. Zur Erklärung bivariater Konzepte nutzt *Cacioppo* die in *Abbildung 1* dargestellte sog. bivariate Bewertungsebene (Cacioppo & Berntson,1994, S. 402).

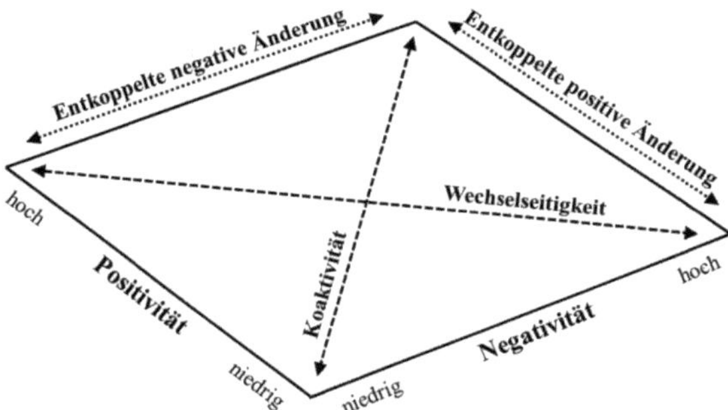

Abbildung 1: Bivariate Bewertungsebene[5]

[4] Auch wenn Bipolaritäten und Dichotomien in der Realität nur schwer zu finden sind, so sind sie doch vorhanden. So ist die Temperaturmessung bzw. das Temperaturempfinden ein Beispiel für ein bipolares Konzept, da Kälte die Abwesenheit von Wärme darstellt. Nimmt die Kälte zu, so nimmt die Wärme ab. Die Aktivierung erfolgt somit tatsächlich spiegelbildlich. Die Reduzierung der Wärme eines Objektes ist gleichbedeutend mit der Erhöhung der Kälte dieses Objektes (Cacioppo et al., 1997, S. 6).

[5] In Anlehnung an Cacioppo und Berntson (1994, S. 402).

Hierbei stellt die linke Achse den Grad der Aktivierung positiver Bewertungsprozesse und die rechte Achse den Grad der Aktivierung negativer Bewertungsprozesse dar. Die Wechselseitigkeits-Diagonale stellt das klassische bipolare Konzept der Valenz dar, welches sich von einer hohen Positivität (links) bis zu einer hohen Negativität (rechts) erstreckt. Die Koaktivitäts-Diagonale kennzeichnet einen alternativen Modus, in welchem beide bewertenden Dimensionen gemeinsam aktiv sind (d.h. es liegt eine Form des Konfliktes vor). Die Pfeile neben den Achsen stellen entkoppelte Veränderungen positiver oder negativer Bewertungsprozesse dar (Cacioppo & Berntson, 1994, S. 402; Norman et al., 2011, S. 174). Besonders von Interesse ist die angesprochene Koaktivitäts-Diagonale, welche auf der Annahme beruht, dass sowohl positive als auch negative Kräfte durch eine einzige Manipulation aktiviert werden können (Cacioppo et al., 1997, S. 7).

Diesbezüglich bedeutsam ist die Konfliktforschung von *Miller* (1959, S. 205 f.). Dieser untersuchte den sog. Annäherungs-Abwendungs-Konflikt (engl.: Approach-Avoidance-Conflict), welcher auftritt, wenn ein bestimmtes Ziel existiert, welches sowohl positive als auch negative Eigenschaften hat und sich somit zeitgleich als attraktiv sowie abstoßend gestaltet. In diesem Zusammenhang beobachtete er das Verhalten von Tieren bei der Annäherung an bzw. Entfernung von einem Ziel, wobei nur die Überschneidung der Gradienten von Annäherung und Abwendung in Unentschlossenheit resultierte.[6] Ferner nahmen sowohl die Stärke der Annäherung als auch die Stärke der Abwendung (oder des Rückzuges) mit sinkender Entfernung zum Ziel zu. Daraus lässt sich schließen, dass sich nicht nur positive und negative Prozesse in ihrem Einfluss auf Annäherung und Abwendung unterscheiden, sondern auch räumliche Distanz die zeitgleiche Aktivierung sowohl positiver als auch negativer Motivationsprozesse auslösen kann. Diese Beobachtungen stimmen mit dem Evaluative Space Model überein, in welchem der Unterschied zwischen der Aktivierung positiver und der Aktivierung negativer Kräfte an jedem Punkt im Bewertungsraum die Stärke und Valenz der Bipolarität widerspiegelt, welche aufgrund der bivariaten Komponenten entsteht (Cacioppo et al., 1997, S. 7).

Die beschriebenen Verzerrungen zwischen Positivität und Negativität, zeigen sich noch deutlicher bei einer dreidimensionalen Betrachtung des Bewertungsraumes (vgl. *Abbildung 2*). Die

[6] Dieser Schnittpunkt stellt den maximalen Konfliktpunkt dar, an welchem die Stärke der Annäherung und die Stärke der Abwendung gleichwertig sind (Norman et al., 2011, S. 169).

über der Bewertungsebene liegende Oberfläche bildet ab, ob die Einstellung eines Individuums zur Annäherung (+) oder zur Abwendung (-) in Bezug auf das jeweilige Ziel tendiert. Hierbei stellt die Oberfläche über dem Schnittpunkt der linken Achse eine maximal positive Einstellung und die Oberfläche über dem Schnittpunkt der rechten Achse eine maximal negative Einstellung dar (Cacioppo & Berntson, 1994, S. 412).

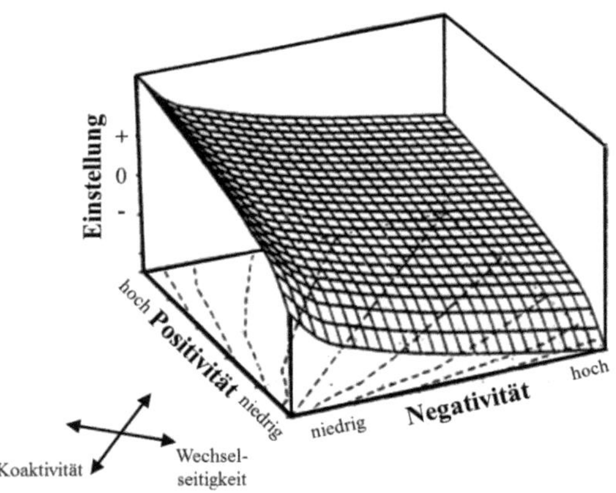

Abbildung 2: Evaluative Space Model bzw. bivariater Bewertungsraum[7]

2.2.2 Positivity Offset und Negativity Bias

Das Evaluative Space Model bildet somit die bipolare Konzeptualisierung in Form der Wechselseitigkeits-Diagonale ab, berücksichtigt aber auch die unabhängige Aktivierung positiver sowie negativer Prozesse und potenziell ambivalenter Zustände in Form der Koaktivitäts-Diagonale (Cacioppo & Berntson, 1994, S. 412). Um ein tiefergehendes Verständnis für die Entstehungsfaktoren von Ambivalenz zu erhalten, sind weiterhin die Abweichungen der Transferfunktionen[8] von Positivität und Negativität von Interesse. Hierbei zu nennen ist zum einen der sog. „Positivity Offset" sowie zum anderen der sog. „Negativity Bias".[9] Wie in *Abbildung 3*

[7] In Anlehnung an Cacioppo und Berntson (1994, S. 412).

[8] Cacioppo et al. (1997, S. 12) verstehen eine Transferfunktion als Form des Outputs bei gegebenem linearen Input über den Dynamikbereich des Systems.

[9] Cacioppo et al. (1997, S. 12) unterscheiden hier bewusst bezüglich der kognitiven Verzerrungen zwischen den Begriffen „Offset" und „Bias". Unterschiede bezüglich des Offsets beziehen sich auf Unterschiede der Achsenabschnitte der Transferfunktionen, wohingegen sich Unterschiede bezüglich des Bias auf Unterschiede der Steigung der Transferfunktionen beziehen.

dargestellt, zeigt sich der Positivity Offset in der Tendenz eines schwachen positiven (Annäherungs-)Outputs bei keinem Input (d.h. es zeigt sich ein Unterschied der Achsenabschnitte). In Folge dessen ist die Motivation für eine Annäherung bei großer Entfernung vom Ziel (d.h. bei einem niedrigen Ausmaß der Aktivierung) größer als die Motivation für eine Abwendung (Cacioppo et al., 1997, S. 12). Der Positivity Offset stellt also die Tendenz dar, positive Gefühle gegenüber einem Objekt zu haben, über welches keine Informationen vorliegen (Chang, 2011, S. 20). Begründen lässt sich dies mit der Überwindung der menschlichen Neophobie (d.h. der Angst vor Neuartigkeit) aufgrund von Erkundungsverhalten (Duden, 2015, S. 726). Ohne die Existenz des Positivity Offsets würde die Neophobie stets überwiegen und zu keinem Zeitpunkt erforschendes Verhalten auftreten (Cacioppo et al., 1997, S. 12).

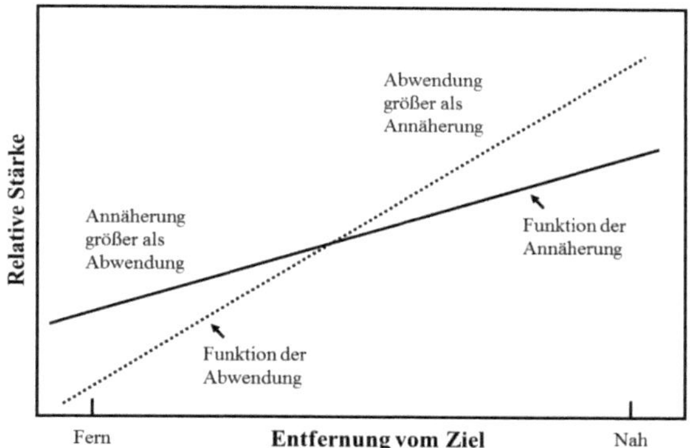

Abbildung 3: Dynamik des Annäherungs-Abwendungs-Konfliktes [10]

Auch bei Betrachtung der Steigungen der Transferfunktionen von Annäherung und Abwendung sind Unterschiede sichtbar. Hierbei verläuft die Funktion der Abwendung deutlich steiler als die Funktion der Annäherung. Diese Abweichung lässt sich auf den Negativity Bias zurückführen. Dieser besagt, dass mit jeder Einheit der Aktivierung die Änderung des negativen Outputs größer ist als die Änderung des positiven Outputs (Cacioppo et al., 1997, S. 13). Grundsätzlich lässt sich dies mit der menschlichen Tendenz begründen, die negativen Aspekte eines Objektes stärker zu gewichten als dessen positive Aspekte (Kanouse & Hanson, 1972, S. 47). Die Erklä-

[10] In Anlehnung an Cacioppo et al. (1997, S. 7) und Miller (1959, S. 206).

rungsansätze für dieses Phänomen sind zahlreich. So lässt sich der Negativity Bias paradoxerweise bspw. auf eine Vielzahl von positiv bedingten Verzerrungen zurückführen. Es konnte mehrfach belegt werden, dass – wie bereits im Rahmen des Positivity Offsets angesprochen – Menschen dazu neigen, den Großteil von Ausgängen positiv zu bewerten und somit (vorausgesetzt der Abwesenheit gegenteiliger Belege) im Allgemeinen eher eine positive Erwartungshaltung einnehmen (Kanouse & Hanson, 1972, S. 56). Bspw. werden positive Beziehungen häufiger erwartet als negative (De Soto & Kuethe, 1959, S. 290), positive Wörter häufiger genutzt als negative (Zajonc, 1968, S. 3) und Erwartungen und Angaben zu persönlichen Glücksgefühlen tendieren dazu sehr positiv auszufallen (Bradburn & Caplovitz, 1965, S. 81 ff.). Es scheint, dass die meisten Menschen die Welt positiv auffassen und folglich positive Informationen weniger stark gewichten, während negative Aspekte eines Objekts deutlich hervorspringen (Kanouse & Hanson, 1972, S. 61). Da die meisten verhaltensrelevanten Bewertungen auf Grundlage einer Auswahl hauptsächlich positiver Alternativen erfolgt, fällt es Personen allgemein leichter, diese Alternativen aufgrund ihrer wenigen negativen Eigenschaften anstatt aufgrund ihrer vielen positiven Eigenschaften einzuordnen. Dies ist bspw. der Grund, weshalb Menschen in einem voll besetzten Kinosaal häufig diejenigen Plätze zählen, welche noch unbesetzt sind, und in einem vorwiegend unbesetzten Kinosaal diejenigen Plätze zählen, welche bereits besetzt sind (Kanouse & Hanson, 1972, S. 56). Bewertungsstrategien, welche wenigen negativen Informationen Gewicht verleihen, sind deutlich leichter zu handhaben als Bewertungsstrategien, welche die Gewichtung und den Vergleich vieler positiver Informationen erfordern (Kanouse & Hanson, 1972, S. 61). Diese Auffassung von Negativität deutet folglich darauf hin, dass die Stärke des Negativity Bias von der Positivität des Kontextes abhängt, in welchem eine Entscheidung getroffen wird (Kanouse & Hanson, 1972, S. 56 f.). Ein weiterer Erklärungsansatz für die Asymmetrie von Positivität und Negativität in Entscheidungssituationen beruht auf der Unabhängigkeit der jeweiligen Eigenschaften und dem Vorhandensein sog. Interferenzeffekte. Dies bedeutet bspw., dass die negativen Eigenschaften eines Objektes häufig die mit den positiven Eigenschaften verbundene Freude an dem Objekt beeinträchtigen (Kanouse & Hanson, 1972, S. 58). *Kanouse und Hanson* (1971, S. 58) führen in diesem Zusammenhang das Beispiel einer ranzigen Suppe an. So können die besten Gewürze kaum die Bewertung einer ranzigen Suppe verändern – die Ranzigkeit der Suppe macht die positiven Eigenschaften der Gewürze zunichte. Auch hier wird die verstärkte Gewichtung einer negativen Eigenschaft gegenüber mehreren positiven Eigenschaften deutlich.

Zusammengefasst bedeutet dies, dass sich der Negativity Bias auf die durch Aktivierung stärker ansteigende Gewichtung von Negativität bezieht, wohingegen der Positivity Offset das relative Auftreten positiver Kräfte sogar in Abwesenheit jeglichen Inputs beschreibt (Cacioppo et al., 1997, S. 13). Das Evaluative Space Model beruht somit auf der Annahme, dass positive und negative Affekte trennbar sind und gemischte Gefühle bspw. in Form von Freude und Traurigkeit gleichzeitig auftreten können. Auf diese gemischten Gefühle sowie auf die besprochenen möglichen Asymmetrien der Ambivalenz wird im weiteren Verlauf dieser Studie eingegangen. Neben der affektiven Komponente der Ambivalenz wird im nächsten Kapitel auf die der Ambivalenz zugrunde liegenden kognitiven Strukturen eingegangen.

2.3 Kognitive Begünstigungsfaktoren von Ambivalenz

2.3.1 Theorie der kognitiven Dissonanz

Das Bedürfnis nach kognitiver Ausgeglichenheit ist seit jeher fester Bestandteil der menschlichen Natur. Daher nehmen sich Menschen selbst gerne als konsistent wahr und bevorzugen die Übereinstimmung von Gedanken, Gefühlen und Verhalten (van Harreveld et al., 2009a, S. 167). Inkonsistenzen bzw. Spannungen verschiedenster Art werden hingegen häufig als unangenehm empfunden (Raab & Unger, 2001, S. 42). So kann bspw. die Erkenntnis darüber, dass man sich gegenüber einer nahestehenden Person unfreundlich verhalten hat, zu Gefühlen des Unbehagens führen (van Harreveld et al., 2009a, S. 167). Dies lässt sich mit der Inkonsistenz zwischen Einstellung und Verhalten begründen. Daher kennzeichnet sich das Streben nach Konsistenz und Widerspruchsfreiheit durch die Herstellung und Erhaltung eines Gleichgewichtes zwischen unterschiedlichen affektiven, kognitiven und verhaltensbasierten Komponenten (Felser, 2015, S. 224; van Harreveld et al., 2009a, S. 167; Wiswede, 2004, S. 321). Diese Bevorzugung von Konsistenz gegenüber Inkonsistenz wird durch das Vorhandensein von Ambivalenz verletzt, da letztere definiert ist als die zeitgleiche Existenz inkongruent wahrgenommener Gedanken und/oder Gefühle. Somit gestaltet sich das Erleben von Ambivalenz als natürlich gegebener Zustand innerer Unordnung (van Harreveld et al., 2015, S. 306).

Mehrere Theorien der Sozialpsychologie beschäftigen sich mit dem Streben nach Konsistenz. Eine wegweisende Theorie stellt die Theorie der kognitiven Dissonanz nach *Festinger* (1957) dar. Diese ist besonders im Hinblick auf das menschliche Entscheidungsverhalten und das Zusammenspiel von Inkonsistenzen und dem Empfinden von Spannungszuständen von Interesse.

Als Beispiel für eine klassische inkonsistente Verhaltensweise führt *Festinger* (1957, S. 2) einen Raucher an, welchem zwar bewusst ist, dass Rauchen für sich und seine Umwelt schädlich ist, jedoch trotz diesen Bewusstseins weiterhin raucht. Im Normalfall wird diese Person versuchen, die vorhandene Inkonsistenz zwischen persönlicher Kenntnis („Rauchen ist ungesund") und Verhalten (Rauchen) mehr oder weniger erfolgreich zu rationalisieren und somit aufzulösen. Konkret kann dies für die Person bspw. bedeuten sich einzureden, dass eine Entwöhnung vom Rauchen zwangsläufig in einer Gewichtszunahme resultiert, welche gleichermaßen ein Risiko für die eigene Gesundheit darstellt. Auf diese Art und Weise wird die Unstimmigkeit zwischen Kognition und Verhalten (wenn auch nicht zwangsweise plausibel) gelöst und das Fortführen des Suchtverhaltens ist schlussendlich doch konsistent und vereinbar mit den eigenen persönlichen Vorstellungen bezüglich des Tabakkonsums.

Die Auflösung von Inkonsistenzen gestaltet sich jedoch häufig nicht so einfach wie in dem angeführten Beispiel. Bleiben Inkonsistenzen weiterhin bestehen, so lösen diese häufig eine psychologisch begründete Form des Unbehagens aus, da das Bedürfnis nach kognitiver Konsistenz unbefriedigt bleibt. Aufgrund dessen spricht *Festinger* (1957, S. 2 f.) nicht primär von Inkonsistenzen, sondern vielmehr von sog. Dissonanzen. Zwei Elemente sind dissonant, wenn sie aus einem beliebigen Grund nicht zueinander passen (Festinger, 1957, S. 12). Laut *Festinger* (1957, S. 9) beziehen sich diese Elemente auf Kognitionen.[11] Kognitive Elemente können hierbei vielfältige, intensive Beziehungen zueinander haben. So existiert bspw. eine enge Beziehung zwischen der Kognition des Strebens nach Gesundheit sowie der Kognition des individuellen Suchtverhaltens. Dissonanzen lassen sich also immer dann beobachten, wenn eine Person bezüglich unterschiedlicher, wahrgenommener Kognitionen einen Widerspruch empfindet (Raab & Unger, 2001, S. 42).[12] Das Ausmaß der Dissonanz hängt dabei entscheidend von der empfundenen Wichtigkeit der jeweiligen Kognitionen ab. Je wichtiger die entsprechenden kognitiven Elemente für eine Person sind, desto stärker ist die dissonante Beziehung zwischen beiden Elementen (Festinger, 1957, S. 16) und desto größer ist das daraus resultierende, empfundene Unbehagen (Costarelli & Colloca, 2007, S. 924).

[11] Eine Kognition ist laut Festinger (1957, S. 3) jede Form der Kenntnis, der Meinung oder des Glaubens über die Umwelt, die eigene Person oder das eigene Verhalten.

[12] Dies ist dann der Fall, wenn psychologisch betrachtet „aus den Annahmen einer Kognition das Gegenteil einer anderen Kognition folgt" (Raab & Unger, 2001, S. 42).

2.3.2 Ambivalenz als Forced-Choice-Situation

Entscheidend bei dem Heranziehen der Theorie der kognitiven Dissonanz in Verbindung mit dem Phänomen der Ambivalenz ist jedoch, dass sich eine kognitive Dissonanz hauptsächlich auf eine Inkonsistenz zwischen unterschiedlichen kognitiven Elementen (oder alternativ formuliert: zwischen unterschiedlichen Einstellungen) oder zwischen Einstellung und Verhalten bezieht. Ambivalenz hingegen bezieht sich hauptsächlich auf Inkonsistenz innerhalb einer Einstellung (Festinger, 1957, S. 31; van Harreveld et al., 2009a, S. 168; van Harreveld et al., 2014, S. 1666 f.). Daher fokussiert sich *Festinger* (1957, S. 32 ff.) in seiner Theorie auf das Entscheidungsverhalten von Personen und die daraus resultierenden Dissonanzen. Hierbei stellt er immer wieder den Zwang in den Mittelpunkt, zwischen zwei oder mehreren Alternativen wählen zu müssen (Festinger, 1957, S. 35 f.). Dabei befindet sich eine Person vor einer Entscheidung (oder auch allgemein vor einer Handlung) in einem Konfliktzustand (Wahl zwischen Alternativen) und anschließend in einem Zustand kognitiver Dissonanz (Rechtfertigung der gewählten Alternative) (Raab & Unger, 2001, S. 42). Dissonanz ist somit eine zwangsläufige Folge von Entscheidungen (Festinger, 1957, S. 47), da alle Entscheidungen „neben gewünschten, beabsichtigten Folgen auch unerwünschte Folgen" (Raab & Unger, 2001, S. 42) haben. *Adams* (1954, S. 554) betont in diesem Zusammenhang, dass die Entscheidung für oder gegen eine Alternative (besonders wenn die Alternativen gleichermaßen attraktiv sind), nicht zwangsläufig den mit ihr verbundenen Spannungszustand auflöst. Vielmehr müssen weitere Handlungen folgen, um mit dem negativen Gefühl, dass man eine gleichermaßen positive Alternative abgelehnt hat, angemessen umzugehen. Auch hier beeinflusst die individuell wahrgenommene Wichtigkeit der Entscheidung sowie die relative Attraktivität der nicht gewählten Alternative das Ausmaß der kognitiven Dissonanz (Festinger, 1957, S. 37).

Die beschriebenen Zusammenhänge lassen sich in Teilen auf das Phänomen der Ambivalenz übertragen. Wie bereits angesprochen, fühlen sich ambivalente Personen hin- und hergerissen in ihrer Einstellung zu einem Einstellungsobjekt. Zwar geht es nicht um die Wahl zwischen mehreren, eigenständigen Alternativen, jedoch um das Abwägen der positiven und negativen Aspekte eines Objektes. Erst durch den, wie auch von *Festinger* (1957, S. 35) angesprochenen, Zwang, sich für eine von zwei Alternativen entscheiden zu müssen (oder sich eben für oder gegen ein Objekt und somit für oder gegen seine positiven oder aber negativen Eigenschaften entscheiden zu müssen), führt die Entscheidung selbst zu einem Empfinden kognitiver Dissonanz und somit zu einem Gefühl des Unbehagens. Diesbezüglich bringen *Costarelli und Colloca* (2007, S. 924) Ambivalenz mit der Theorie der kognitiven Dissonanz in Verbindung. Sie postulieren, dass sich ambivalent eingestellte Personen immer auch zeitgleich in einer sog. Forced-Choice-Situation befinden. Dies bedeutet, dass die Person zwei oder mehrere gleichermaßen erstrebenswerte Alternativen vergleicht und gezwungen ist, diejenige Alternative zu wählen, welche sie am stärksten bevorzugt. Im Zusammenhang mit Ambivalenz interpretieren *Costarelli und Colloca* (2007, S. 924) diese Forced-Choice-Situation dahingehend, dass ambivalent eingestellte Personen weder die interne, inkonsistente Natur ihrer Ambivalenz ändern, noch den Grad ihrer Ambivalenz gegenüber dem Einstellungsobjekt beeinflussen können. Eine mögliche Strategie, um diese unangenehme Situation aufzulösen, ist bspw. die Beeinflussung der Wichtigkeit des Einstellungsobjektes, indem es zukünftig als weniger bedeutend für die eigene Person bewertet wird.

2.3.3 Forbiden-Toy-Paradigma und Konsistenzstreben

Auch *Newby-Clark et al.* (2002, S. 164) argumentieren anhand der Theorie der kognitiven Dissonanz, dass ambivalent eingestellte Personen motiviert sind, ihren Fokus weg von der eigenen kognitiven Inkonsistenz zu lenken – jedoch nur dann, wenn diese Inkonsistenz als unangenehm empfunden wird. In ihrer Studie beschäftigen sie sich daher neben der Zugänglichkeit vorhandener Inkonsistenzen, auch mit dem sog. Konsistenzstreben, welches von Individuum zu Individuum unterschiedlich stark ausgeprägt sein kann. Sie postulieren, dass inkonsistente Beurteilungen notwendig, jedoch nicht zwangsläufig hinreichend sind für das Erleben von Ambivalenz (Newby-Clark et al., 2002, S. 158). In diesem Zusammenhang führen sie das Forbidden-Toy-Paradigma von *Zanna et al.* (1973, S. 355) an, welche in ihrem Experiment das Bewusstsein von Kindern für Inkonsistenz manipulierten. Hierzu bewerteten Kinder Spielsachen zunächst in Bezug auf ihre Attraktivität. Anschließend wurde ihnen entweder unter Androhung einer niedrigen oder unter Androhung einer hohen Strafe verboten, mit dem attraktivsten Spielzeug zu spielen. Die eine Hälfte der Kinder wurde während des Experimentes daran erinnert, dass sie momentan nicht mit ihrem Lieblingsspielzeug spielen, obwohl nur eine niedrige Bestrafung angedroht wurde. Diese Kinder werteten das ehemals bevorzugte Spielzeug stärker ab als diejenigen Kinder, welche nicht an ihre Inkonsistenz erinnert wurden. *Zanna et al.* (1973, S. 358) erklären dieses Verhalten zur Verminderung kognitiver Inkonsistenz in der Bewusstseins-

Gruppe – übereinstimmend mit der Theorie von Festinger (1957, S. 2) – damit, dass die Kinder durch den Hinweis auf ihre inkonsistenten Kognitionen mehr negativen Affekt verspürten. Folglich tritt Inkonsistenz-bezogenes Unbehagen eher auf, wenn sich eine Person über ihre widersprüchlichen Kognitionen bewusst ist (Newby-Clark et al., 2002, S. 158).

Ferner betrachten *Newby-Clark et al.* (2002, S. 164) in ihrer Studie das angesprochene Konsistenzstreben. Dabei vermuten sie, dass nicht alle Individuen in jeder gegebenen Situation das gleiche Maß an Unbehagen bezüglich ihrer bewussten Inkonsistenzen empfinden. Vor allem Menschen mit einem starken Konsistenzstreben empfinden dann negativen Affekt in Form von Unbehagen, wenn sie sich zeitgleich ihrer stark inkonsistenten Kognitionen bewusst sind. Dementsprechend sind solche Menschen auch deutlich motivierter, sich selbst von den vorhandenen Inkonsistenzen abzulenken oder auf andere Art und Weise das gleichzeitige Bewusstsein ihrer inkonsistenten Kognitionen zu mindern als Menschen mit einem schwachen Konsistenzstreben. Deren Erleben ambivalenter Gefühle wiederum, wird durch ein steigendes Bewusstsein für inkonsistenten Kognitionen nicht weiter beeinflusst (Newby-Clark et al., 2002, S. 164). Dadurch wird deutlich, dass durch Inkonsistenzen begründete Ambivalenz nicht zwangsläufig mit Unbehagen einhergeht. Das folgende Kapitel widmet sich daher dem Zusammenhang zwischen Ambivalenz und Unbehagen.

2.4 Folgen von Ambivalenz

2.4.1 Unbehagen und die Antizipation unsicherer Konsequenzen

Wie bereits in *Kapitel 2.3.2* erwähnt, führen Inkonsistenzen häufig zu Gefühlen des Unbehagens. In diesem Kapitel wird nun diskutiert, inwieweit auch ein kausaler Zusammenhang zwischen Ambivalenz und Unbehagen besteht. Von Bedeutung für die Klärung dieses Wirkgefüges ist die Studie von *Nordgren et al.* (2006, S. 252 f.). Die Wissenschaftler untersuchen in ihrer Studie u.a., inwieweit eine ambivalente Einstellung als aversiver Zustand verstanden werden kann. Hierfür manipulierten sie das durch eine ambivalente Nachricht empfundene, individuelle Unbehagen mithilfe einer Pille. Während die eine Hälfte der Probanden eine Zuckerpille in dem Glauben nahm, dass diese Gefühle der Anspannung verursacht, glaubte die andere Hälfte der Probanden, dass die verabreichte Zuckerpille einen Zustand der Entspannung auslöst. Nach Einnahme der Zuckerpille wurden die Probanden mit einem Zeitungsausschnitt über die Folgen genmanipulierter Nahrungsmittel konfrontiert. Um bei den Probanden Ambivalenz zu erzeugen, nannte der Artikel gleich viele positive und negative Folgen genmanipulierter Nahrung. Anschließend wurden die Einstellung, die Ambivalenz sowie die negativen Gefühle der Probanden gemessen. Darüber hinaus wurden die Probanden gebeten aufzuschreiben, welche Gedanken ihnen während des Lesens des Artikels durch den Kopf gingen, um anschließend erneut den Grad ihrer Ambivalenz anzugeben.[13] Im Ergebnis empfanden die Probanden der Anspannungs-Experimentalgruppe schwächere negative Emotionen gegenüber genmanipulierten Nahrungsmitteln, da sie ihre Gefühle des Unbehagens auf den anspannenden Effekt der Zuckerpille zurückführten. Die Probanden der Entspannungs-Experimentalgruppe hingegen empfanden stärkere negative Emotionen gegenüber genmanipulierten Nahrungsmitteln, da ihre Gefühle des Unbehagens bezüglich des Einstellungsobjektes durch die Erwartung eines entspannten Zustandes verstärkt wurden. Damit gelang es *Nordgren et al.* (2006, S. 254) empirisch zu bestätigen, dass Ambivalenz ein aversiver Zustand ist, der eng mit der Empfindung von Unbehagen verknüpft ist.

Diesbezüglich ist es ferner von Interesse, in welchen Situationen und weshalb Ambivalenz mit Gefühlen des Unbehagens in Verbindung gebracht wird. Hierzu beschäftigen sich van *Harreveld et al.* (2009a, S. 167) in ihrer Studie mit den Gründen und Voraussetzungen für die Entstehung physiologischer Erregung im Zusammenhang mit Ambivalenz und Entscheidungssituationen. Dabei untersuchen sie, ob Ambivalenz vor allem dann als unangenehm wahrgenommen wird, wenn eine Entscheidung getroffen werden muss. Zur Klärung dieses Sachverhalts manipulierten die Autoren in einem Experiment die Ambivalenz studentischer Probanden und maßen deren elektrodermale Aktivität[14] als Zeichen für physiologische Erregung. Die Probanden wurden zufällig in drei unterschiedliche Gruppen eingeteilt: Ambivalenz mit Entscheidungssituation, Ambivalenz ohne Entscheidungssituation sowie Univalenz (Kontrollgruppe). Dabei gliederte sich das Experiment in insgesamt drei Phasen. Die erste Phase des Experimen-

[13] Neben der aversiven Natur der Ambivalenz wurde in dieser Studie auch der Zusammenhang zwischen Ambivalenz bzw. der anfänglichen Einstellung der Probanden sowie der Valenz ihrer hervorgerufenen Gedanken betrachtet. Nordgren et al. (2006, S. 255) konnten nachweisen, dass Menschen dazu neigen, einseitige Gedanken zu bilden, welche mit ihrer anfänglichen Einstellung übereinstimmen, um die vorhandene Ambivalenz zu mindern.

[14] Die elektrodermale Aktivität wurde erfasst, indem zwei Elektroden an dem Zeige- und Mittelfinger der Probanden befestigt wurden. Hierbei war die Hand mit den Elektroden stets die passive Hand und verblieb ruhig während des Experimentes (van Harreveld et al., 2009a, S. 168).

tes begann mit einer dreiminütigen Ruhephase und dem anschließenden Betrachten eines sechsminütigen friedlichen Naturfilmes, um die Basislinie der Hautleitfähigkeit zu ermitteln. Im Anschluss an den Film wurden die Probanden gebeten, einen je nach Gruppe ambivalenten oder univalent negativen Text zu lesen. Anschließend wurden ihre Ambivalenz und Einstellung gemessen. In der zweiten Phase des Experimentes wurden die Probanden gebeten, einen Aufsatz zu dem eben gelesenen Text zu verfassen und darüber in Kenntnis gesetzt, dass eine zufällige Auswahl der Aufsätze in einem Studentenmagazin der Universität veröffentlicht wird. Denjenigen Probanden, welche Teil der Ambivalenz mit Entscheidungssituation-Gruppe waren, wurde darüber hinaus mitgeteilt, dass sie sich vor Verfassen des Aufsatzes entscheiden müssen, ob sie entweder einen Aufsatz für oder einen Aufsatz gegen die Thematik schreiben möchten. Sie wurden somit angewiesen, einen eindeutigen Standpunkt im zu formulierenden Aufsatz einzunehmen. Diejenigen Probanden, welche Teil der Ambivalenz ohne Entscheidungssituation-Gruppe oder Teil der Kontrollgruppe waren, erhielten demgegenüber keine Anweisungen zur Formulierung des Aufsatzes (van Harreveld et al., 2009a, S. 168 f.).

Van *Harreveld et al.* (2009a, S. 169) konnten mithilfe dieses Experimentes zeigen, dass Ambivalenz dann als besonders unangenehm empfunden wird, wenn eine Wahl zwischen zwei Seiten zu treffen ist. In solch einer Situation wird die Entscheidung für einen eindeutigen Standpunkt erzwungen, obwohl keine der beiden Seiten vollkommen zufriedenstellend ist und beide Seiten mit unsicheren Ausgängen in Verbindung gebracht werden. Auffällig ist hierbei, dass das damit verbundenen Unbehagen insbesondere nach der Entscheidung auftritt. Um diesen Sachverhalt tiefergehend zu beleuchten, führen die Autoren zwei weitere Experimente durch, in denen das Unbehagen in Entscheidungssituationen auf das Antizipieren von Konsequenzen zurückgeführt wird. Es zeigt sich, dass ambivalent eingestellte Personen, die zu einer eindeutigen Entscheidung gezwungen werden, mögliche Ausgänge für jede der alternativen Entscheidungen antizipieren. Die mit den jeweiligen Ausgängen verbundene Unsicherheit resultiert dann in Unbehagen und physiologischer Erregung. Liegt demgegenüber kein Entscheidungszwang vor, besteht für ambivalenten Personen keine Notwenigkeit über potenziellen Konsequenzen oder Ausgänge ihrer Entscheidung nachzudenken, weshalb sie einen deutlich niedrigeren Grad an Unsicherheit erfahren. Diese Zusammenhänge verdeutlichen, weshalb van *Harreveld et al.* (2009a, S. 170) ausgeprägtes Unbehagen insbesondere im Anschluss an Entscheidungssituationen beobachten konnten. Nach der Festlegung für eine der beiden Seiten muss sich eine ambivalent eingestellte Person zwangsläufig auch mit den (zu dem Zeitpunkt unsicheren) Ausgängen der eigenen Entscheidung auseinandersetzen. Sie hat sich dementsprechend nicht nur für eine Seite entschieden, sondern zeitgleich auch für die damit verbundenen ungewissen Folgen. Daher argumentieren van *Harreveld et al.* (2009a, S. 172), dass nicht die Ambivalenz selbst zu Gefühlen des Unbehagens führt, sondern vielmehr die Unsicherheit über die Konsequenzen der getroffenen Entscheidung. Auch stellen die Autoren eine enge Verbindung zwischen Unbehagen und entscheidungsrelevanten Emotionen wie Bedauern, Angst oder Sorge fest.

2.4.2 Informationsverarbeitung unter Ambivalenz

Ebenso greifen *Jonas et al.* (1997, S. 198) in ihrer Studie zur Ambivalenz den Begriff der Unsicherheit bzw. Sicherheit auf – jedoch nicht in Verbindung mit dem Erleben von Unbehagen, sondern primär im Zusammenhang mit der Informationsverarbeitung ambivalenter Personen. Hierbei nehmen *Jonas et al.* (1997, S. 194) hauptsächlich Bezug auf das heuristisch-systematische Modell von *Chaiken et al.* (1989, S. 212), bei welchem es sich um ein duales Prozessmodell der Informationsverarbeitung handelt. Das heuristisch-systematische Modell unterscheidet zwei Wege der Verarbeitung von Informationen, welche zwei unterschiedlichen Prinzipien folgen: dem Prinzip des geringsten Aufwandes sowie dem Hinlänglichkeitsprinzip. Gemäß ersterem sind Individuen kognitiv geizig und wenden ihre kognitive Energie nur dann auf, wenn sie tatsächlich benötigt wird. Bei der Beurteilung eingehender Informationen kommen daher wenig aufwendige Heuristiken, d.h. einfache Regeln und Schlüsselreize, zum Einsatz.[15] Nach dem Hinlänglichkeitsprinzip hingegen, streben Individuen nach einer bestimmten Menge an Vertrauen in ihr eigenes Urteilsvermögen oder in ihre Einstellung.

Je höher das Maß des angestrebten Vertrauens, desto schwieriger ist es, dieses ausschließlich mithilfe von Heuristiken zu erreichen. Wenn ein Individuum aufgrund stärkerer motivationaler Zustände nach mehr Vertrauen strebt, müssen die Heuristiken durch eine systematische Informationsverarbeitung ersetzt oder ergänzt werden – also durch eine aktive kognitive Verarbeitung aller relevanten Informationen (Chaiken et al., 1989, S. 214 ff.; Jonas et al., 1997, S. 193; Wiswede, 2004, S. 230). *Jonas et al.* (1997, S. 194) argumentieren, dass die Verarbeitung in-

[15] Beispiele für solche Heuristiken sind Regeln wie „Experten kann man Vertrauen schenken" oder „Teure Produkte sind qualitativ besser" (Wiswede, 2004, S. 228).

konsistenter Informationen zu einer ambivalenten Einstellung führt. Im Vergleich zu nicht-ambivalenten Einstellungen geht Ambivalenz mit einem niedrigeren Ausmaß des Vertrauens in die eigene Einstellung einher. Die daraus resultierende Lücke zwischen angestrebtem und tatsächlichem Vertrauen führt zu einem Anstieg der systematischen Informationsverarbeitung. Dies bedeutet, dass in nicht-ambivalenten Situationen eine oberflächliche Betrachtung des Einstellungsobjektes häufig genügt und Heuristiken Anwendung finden. In ambivalenten Situationen ist die Nutzung von Heuristiken jedoch häufig nicht ausreichend, um das angestrebte Vertrauen in die eigene Einstellung zu erreichen (Jonas et al., 1997, S. 193).

In diesem Zusammenhang konnten *Jonas et al.* (1997, S. 206) in einem ersten Experiment nachweisen, dass Ambivalenz zu einem erhöhten Abgleich zwischen Einstellung und Verhaltensabsicht führt. Darüber hinaus konnten sie in Übereinstimmung mit ihrer Annahme zeigen, dass inkonsistente im Vergleich zu konsistenten Informationen die subjektive Sicherheit in Bezug auf die eigene Einstellung vermindern. Dementsprechend weisen stark ambivalent eingestellte Individuen im Vergleich zu schwach ambivalent oder univalent eingestellten Personen einen vergleichsweise niedrigen Grad des tatsächlichen Vertrauens in die eigene Einstellung auf. Gemäß der Vermutung, dass Menschen dazu neigen diesen niedrigen Grad an Vertrauen mithilfe einer gesteigerten kognitiven Elaboration zu kompensieren, wiesen ambivalent eingestellte Personen ein deutlich höheres Maß an attributbezogenem Denken auf. Somit kann die Unsicherheit über die eigene Einstellung die Motivation kognitive Anstrengungen zu investieren, verstärken. Die Argumentation von *Jonas et al.* (1997, S. 191 f.) basiert hierbei auf dem Glauben, dass Unsicherheit als unangenehm empfunden wird und Menschen daher motiviert sind, diesen aversiven Zustand zu beenden. Daher vermuten die Autoren auch, dass ambivalent eingestellte Personen einstellungsrelevante Informationen sorgfältiger verarbeiten als nicht-ambivalent eingestellte Personen.

Diese Beobachtungen sind insbesondere deshalb von Interesse, da sie als Grundlage dienen, um ein Verständnis für die der Ambivalenz nachgelagerten Prozesse zu erhalten. Im Rahmen der systematischen Verarbeitung von Informationen im Zusammenhang mit Ambivalenz gestaltet sich besonders die Suche nach zusätzlichen Informationen als geeignete Strategie. Dies zeigt sich auch bei Betrachtung der in *Kapitel 2.3.2* bereits angesprochenen kognitiven Dissonanzen.

Festinger (1957, S. 3) stellt in diesem Zusammenhang zwei grundlegende Hypothesen auf. Erstens, das Vorhandensein von Dissonanz (d.h. einer Form des psychologischen Unbehagens) regt Personen zur Dissonanzreduktion an, um somit Konsonanz zu erreichen. Zweitens, wenn Dissonanz vorliegt, wird die Person (zusätzlich zu dem Versuch, diese zu reduzieren) aktiv versuchen, Situationen und Informationen zu vermeiden, welche die Dissonanz vermutlich verstärken würden. Im Zusammenhang mit der Suche nach Informationen unterscheidet *Festinger* (1957, S. 126 ff.) drei Szenarien: die Abwesenheit von Dissonanz, das Vorhandensein moderater Dissonanz sowie das Vorhandensein sehr starker Dissonanz. Er argumentiert, wenn keine oder nur ein sehr geringes Ausmaß an Dissonanz existiert, auch keine Motivation vorhanden ist, um nach weiteren und neuen Informationen zu suchen. Das Vorhandensein moderater Dissonanz hingegen und somit der Druck, diese Dissonanz zu beseitigen, führt dazu, dass Individuen Informationen suchen, welche Konsonanz hervorrufen und Informationen vermeiden, welche die bereits existierende Dissonanz weiter steigern. Äußerst interessant ist auch seine Argumentation bezüglich sehr starker Dissonanzen. *Festinger* (1957, S. 126 ff.) postuliert, dass sich ausgeprägte Dissonanzen durch neue Informationen nur geringfügig reduzieren, da der Zwang zur Auseinandersetzung mit der Dissonanz bestehen bleibt. Der Konflikt wird selbst bei ausführlicher Informationssuche nicht aufgelöst, da die Dissonanz zu groß ist um die widersprüchlichen Kognitionen durch zusätzliche Informationen ins Gleichgewicht zu bringen und die Dissonanz zufriedenstellend aufzulösen. Daher sind Personen in solch einer Situation nur sehr schwach motiviert, aktiv nach neuen, konsonanzfördernden Informationen zu dem jeweiligen Objekt zu suchen. Im Folgenden werden Hypothesen in Bezug auf die Entstehung und Wirkung von Ambivalenz hergeleitet

3 Konzeption eines Untersuchungsmodells zur Wirkung von Ambivalenz

3.1 Der Einfluss der Valenz der Produktinformationen

3.1.1 Der direkte Einfluss der Valenz der Produktinformationen auf die wahrgenommene Ambivalenz

Wie in *Kapitel 2.2.1* bereits angesprochen, sind die einer Einstellung zugrunde liegenden positiven und negativen Affekte trennbar, weshalb Emotionen unterschiedlicher Valenz zeitgleich auftreten können (Sengupta & Johar, 2002, S. 40). Einige gängige Konzeptualisierungen von Ambivalenz lassen zum einen darauf schließen, dass Ambivalenz mit steigender Entfernung des Ursprungs (d.h. keine Aktivierung) entlang der Koaktivitäts-Diagonalen ansteigt. Zum anderen deuten sie auf eine symmetrische Verteilung der Ambivalenz entlang der Koaktivitäts-Diagonalen hin (Kaplan, 1972, S. 362; Thompson et al., 1995, S. 363).

Während die erste Annahme durch das Evaluative Space Model Bestätigung findet (vgl. *Abbildung 2*), widersprechen *Cacioppo et al.* letzterer (1997, S. 15 f). Aufbauend auf den beobachtbaren kognitiven Verzerrungen des Positivity Offset und des Negativity Bias, argumentieren die Autoren stattdessen für das Konzept der asymmetrischen Ambivalenz. Ein Grund für die Annahme asymmetrischer Ambivalenz ist hierbei die Vermutung, dass ambivalente Gefühle verstärkt auftreten, wenn ein Stimulus ausschließlich Negativität statt ausschließlich Positivität hervorruft.[16] Folglich ist Ambivalenz aufgrund des Positivity Offset enger mit der Aktivierung negativer anstatt mit der Aktivierung positiver Affekte verbunden.[17] Darüber hinaus ist die unterschiedliche Gewichtung positiver und negativer Affekte für die asymmetrische Verteilung von Ambivalenz entlang der Koaktivitäts-Diagonalen verantwortlich.

Wie bereits angesprochen wird vermutet, dass mit steigender Entfernung vom Nullpunkt die Ambivalenz entlang der Koaktivitäts-Diagonalen zunimmt. Da jedoch aufgrund des Negativity

[16] Wenn ein Stimulus ausschließlich positive Affekte hervorruft, gibt es zeitgleich keinen negativen Output und somit findet keine Koaktivierung unterschiedlicher Affekte statt, welche Ambivalenz hervorrufen könnte. Ruft ein Stimulus hingegen ausschließlich negative Affekte hervor, so existiert noch immer ein schwaches Ausmaß an positivem Output (aufgrund des Positivity Offset) und somit kann Ambivalenz entstehen (Cacioppo et al., 1997, S. 15) (vgl. Kapitel 2.2.2).

[17] Im Zusammenhang mit dem Positivity Offset konnte Chang (2011, S. 28) in seiner Studie zeigen, dass die negativen Wahrnehmungen „grüner" Produkte (wie bspw. Skepsis, wahrgenommener höherer Preis, niedrigere Qualität) für die ambivalente Einstellung bezüglich „grüner" Produkte verantwortlich sind – und nicht die positiven.

Bias mit jeder Einheit der Aktivierung der Anstieg an negativem Output größer ist als der Anstieg an positivem Output, ist die Ambivalenz auf der negativen Seite der Koaktivitäts-Diagonalen größer als auf der positiven Seite. Dies bedeutet, dass Ambivalenz mit einem Anstieg negativer Informationen stärker ansteigt als mit dem gleichen Anstieg positiver Informationen. Die Gründe für die Asymmetrien der Ambivalenz sind also unterschiedlich, doch die Natur dieser Asymmetrie ist ähnlich: Ambivalenz ist stärker mit der Aktivierung negativer anstatt positiver Affekte verknüpft (Cacioppo et al., 1997, S. 15 f.; Chang, 2011, S. 20).

Selbst wenn Menschen ein Einstellungsobjekt gleichzeitig positiv und negativ bewerten, so ist es wahrscheinlicher, dass die negativen anstelle der positiven Bewertungen Ambivalenz bedingen (Cacioppo et al., 1997, S. 16). Hierbei stellt sich u.a. die Frage, inwieweit die Unabhängigkeit und Trennbarkeit positiver und negativer Eigenschaften eines Objektes die Gewichtung dieser Eigenschaften beeinflusst. Der Beantwortung dieser Frage widmen sich *Abelson und Kanouse* (1966, S. 171 f.) in ihrer Studie. Sie unterscheiden grundsätzlich zwischen einer deduktiven und einer induktiven Betrachtung. Liegt ein deduktiver Argumentationsstrang vor – d.h. positive oder negative Orientierungen bezüglich der Merkmale eines Objektes – kann ein starker Negativity Bias beobachtet werden. Bei einem induktiven Argumentationsstrang hingegen – d.h. es liegen positive oder negative Orientierungen bezüglich der (trennbaren) Instanzen[18] einer Klasse[19] eines Objektes vor – lässt sich keine negative Tendenz nachweisen. Dies bedeutet, dass die negativen Eigenschaften eines Einstellungsobjektes nur dann stärker gewichtet werden, wenn die positiven und negativen Eigenschaften zeitgleich innerhalb eines Objektes wahrgenommen werden und diese scheinbar untrennbar sind (Abelson & Kanouse, 1966, S. 193 f.).

Aus diesen Überlegungen lässt sich schlussfolgern, dass negative Informationen in einem anderen Maß auf die Entstehung von Ambivalenz wirken als positive Informationen. Bei Vorhandensein vermeintlich gemischter (d.h. positiver und negativer) Informationen eines Einstellungsobjektes werden die vergleichsweise negativen Eigenschaften stärker gewichtet und somit stärker mit Ambivalenz in Verbindung gebracht als die vergleichsweise positiven Eigenschaf-

[18] Unter einer Instanz versteht sich bspw. „Sportzeitschrift" (Abelson & Kanouse, 1966, S. 180 f.).
[19] Unter einer Klasse versteht sich bspw. „Zeitschriften" (Abelson & Kanouse, 1966, S. 180 f.).

ten. Daher ergibt sich folgende Hypothese über den direkten Einfluss der Valenz der Produktinformationen auf die wahrgenommene Ambivalenz:

> Hypothese 1:
>
> Konsumenten, die (gemischt) positivere Produktinformationen erhalten, empfinden eine stärker wahrgenommene Ambivalenz gegenüber dem Produkt, als Konsumenten, die (gemischt) negativere Produktinformationen erhalten.

3.1.2 Der moderierende Einfluss der Glaubwürdigkeit der Informationsquelle

Die Wahrnehmung der Valenz der Produktinformationen kann durch unterschiedliche Faktoren beeinflusst werden. Bezüglich potentieller Einflussfaktoren auf die Wirkung von Informationsmitteilungen ist hierbei im sozialen Kontext die Betrachtung der wahrgenommenen Glaubwürdigkeit der Informationsquelle von Bedeutung.[20] Basierend auf der wahrgenommenen Glaubwürdigkeit der Informationsquelle überlegen Individuen, wie sie die durch die Quelle vermittelten Informationen gewichten (Xie et al., 2011, S. 179). Hierbei setzt sich die wahrgenommene Glaubwürdigkeit meist aus den beiden Bestandteilen der wahrgenommenen Expertise und der wahrgenommenen Vertrauenswürdigkeit zusammen (Goldberg & Hartwick, 1990, S. 172). Die Expertise einer Informationsquelle bezieht sich dabei auf das Wissen der Quelle und deren Fähigkeit, exakte Informationen zur Verfügung zu stellen. Demgegenüber verstehen sich unter ihre Vertrauenswürdigkeit die Beweggründe der Quelle die Wahrheit zu vermitteln (Hovland et al., 1953, S. 21).

Die Glaubwürdigkeit einer Informationsquelle steht in sehr engem Zusammenhang mit ihrer Überzeugungskraft. So konnten diverse Studien zeigen, dass mit zunehmender Glaubwürdigkeit auch die Überzeugungskraft der entsprechenden Informationsquelle steigt (Herbig & Milewicz, 1993, S. 20; Hovland & Weiss, 1951, S. 642; Pornpitakpan, 2004, S. 244). Meist wird

[20] Herbig und Milewicz (1993, S. 20) stellen heraus, dass die Glaubwürdigkeit einer Informationsquelle nicht mit deren Reputation gleichgesetzt werden darf. Die Glaubwürdigkeit verstehen sie als das Maß, inwieweit man einem momentanen Vorhaben Glauben schenken kann. Als Reputation verstehen sie hingegen eine historische Auffassung basierend auf der Summe vergangener Verhaltensweisen. So kann ein Unternehmen bspw. eine sehr schlechte Reputation haben, doch zeitgleich sehr glaubhaft sein (so lange sich dieses als beständig schlecht darstellt).

der beschriebene Zusammenhang im Kontext der Einstellungsänderung betrachtet, d.h. inwieweit sich eine bereits vorhandene, ursprüngliche Einstellung aufgrund einer schwachen oder starken Glaubwürdigkeit hin zur Einstellung des Informationsmitteilenden verändert (Choo, 1964, S. 65). Da Ambivalenz jedoch zumeist ein Phänomen ist, welches während der initialen Einstellungsbildung zu einem noch unbekannten Objekt auftritt, ist in dem gegebenen Kontext der Einfluss der Glaubwürdigkeit bei der Einstellungsbildung anstelle der Einstellungsänderung von Bedeutung.

Bezüglich der Valenz von Produktinformationen kann die Glaubwürdigkeit der Informationsquelle kognitive Verzerrungen wie bspw. den des Negativity Bias beeinflussen. Diesbezüglich konnten *Rosenbaum und Levin* (1969, S. 34) in ihrer Studie zeigen, dass sich die Gewichtung positiver Informationen abhängig von der Glaubwürdigkeit verändert. Dies bedeutet, dass positive Informationen einer nur gering glaubwürdigen Quelle deutlich weniger gewichtet werden als positive Informationen einer höchst glaubwürdigen Quelle (und somit auch deren Überzeugungskraft variiert). Informationen einer unseriösen Quelle sind somit vermutlich weniger eindeutig und daher auch weniger einflussreich. Bezüglich negativer Informationen konnten *Rosenbaum und Levin* (1969, S. 34) diesen Effekt demgegenüber nicht beobachten, d.h. die Glaubwürdigkeit der Informationsquelle negativer Informationen hatte nur einen vergleichsweise geringen Einfluss auf die Gewichtung und Überzeugungskraft dieser Informationen. *Kanouse* (1984, S. 706) führt darüber hinaus an, dass negative Informationen, welche durch die Meinung oder Empfehlung einer anderen Person vermittelt werden, generell als glaubwürdiger empfunden werden als positive Informationen. Eine mögliche Erklärung hierfür ist die Tatsache, dass häufig normative Maßstäbe für die Vermittlung positiver Informationen existieren. Personen die ihre negativen Gefühle mitteilen, werden daher eher und in einem höheren Ausmaß als aufrichtig eingestuft.

Um zu erklären, welche Wirkung die Glaubwürdigkeit der Informationsquelle auf die Beziehung zwischen der Valenz von Produktinformationen und der Entstehung von Ambivalenz hat, findet das in *Kapitel 2.4.2* bereits angesprochene heuristisch-systematische Modell Verwendung (Chaiken et al., 1989, S. 212).[21] In ihrer Studie ziehen *Jonas et al.* (1997, S. 193 f.) dieses

[21] In der Literatur wird darüber hinaus auch häufig das sog. Elaboration Likelihood-Modell von Petty und Cacioppo (1986, S. 1 ff.) zur Erklärung der Wirkungsmechanismen der Glaubwürdigkeit der Informationsquelle herangezogen (Xie et al., 2011, S. 182).

zur Erklärung der Verarbeitung inkonsistenter Informationen heran. Obwohl sie in ihrer Argumentation hauptsächlich die Ambivalenz und weniger die Inkonsistenz in den Mittelpunkt stellen, können ihre Erkenntnisse auf die Entstehung von Ambivalenz im Rahmen unterschiedlich valenter Informationen übertragen werden. *Jonas et al.* (1997, S. 193 f.) folgern, dass in ambivalenten Situationen häufig eine aktive kognitive Verarbeitung aller relevanten Informationen erfolgt, wohingegen in nicht-ambivalenten Situationen zumeist die Anwendung von Heuristiken im Rahmen der Informationsverarbeitung und Einstellungsbildung ausreicht. In diesem Zusammenhang kann das Vertrauen in die Glaubwürdigkeit der Informationsquelle und dadurch eine oberflächliche Beurteilung von Informationen anhand der Expertise und der Vertrauenswürdigkeit dieser Quelle als Heuristik gesehen werden (Jonas et al., 1997, S. 194).

Daher lässt sich vermuten, dass in einer Situation, in welcher eine vergleichsweise höher wahrgenommene Ambivalenz gegeben ist (d.h. das Vorliegen von vielen positiven und wenigen negativen Informationen), alle Informationen abhängig von der Glaubwürdigkeit der Informationsquelle schwächer oder stärker gewichtet werden. Dies bedeutet, dass eine hohe Glaubwürdigkeit der Informationsquelle in vermeintlich ambivalenten Situationen für eine höhere Gewichtung der positiven Informationen verantwortlich ist und diese somit überzeugender werden. Es findet eine kognitive Verarbeitung aller Informationen statt und der Negativity Bias reduziert sich, da die kognitive Verzerrung der Beurteilung positiver und negativer Informationen abgeschwächt ist. In einer nicht-ambivalenten Situation (d.h. das Vorliegen von vielen negativen und wenigen positiven Informationen) hingegen, ist die Masse der negativen Informationen alleine bereits glaubwürdig genug, um der Quelle der Informationen Vertrauen zu schenken. Dementsprechend sollte die tatsächliche Glaubwürdigkeit der Informationsquelle hier einen relativ geringen Einfluss ausüben. Aufgrund dieser sachlogischen Überlegungen erweitert sich die Hypothese H1 über den Zusammenhang zwischen der Valenz der Produktinformationen und der wahrgenommenen Ambivalenz um den moderierenden Einfluss einer hohen Glaubwürdigkeit der Informationsquelle:

Hypothese 2:

Konsumenten, die (gemischt) positivere Produktinformationen erhalten, empfinden eine stärker wahrgenommene Ambivalenz gegenüber dem Produkt, als Konsumenten, die (gemischt) negativere Produktinformationen erhalten. Dieser Effekt wird durch eine hohe Glaubwürdigkeit der Informationsquelle abgeschwächt.

3.2 Der Einfluss der Konsistenz der Produktinformationen

3.2.1 Der direkte Einfluss der Konsistenz der Produktinformationen auf die wahrgenommene Ambivalenz

Bereits bei der Definition des Begriffs der Ambivalenz (vgl. *Kapitel 2.1.1*) wird deutlich, dass strukturelle Inkonsistenzen (d.h. widersprüchliche Bewertungen) grundsätzlich eng mit dem Erleben von Ambivalenz verbunden sind (Sengupta & Johar, 2002, S. 40). *Newby-Clark et al.* (2002, S. 157) definieren Ambivalenz im Zusammenhang mit Konsistenz bspw. als das gleichzeitige Vorliegen positiver und negativer Bewertungen eines Einstellungsobjektes. *Costarelli und Colloca* (2007, S. 927) und *van Harreveld et al.* (2015, S. 290) stellen darüber hinaus die innere Inkonsistenz von Ambivalenz heraus. Auch *Jonas et al.* (2000, S. 35) greifen diese Definition auf und bezeichnen das Erleben von Ambivalenz als Maß für die eigene Wahrnehmung einstellungsbedingter Inkonsistenzen. Ebenso stellen *Eagly und Chaiken* (1993, S. 123) Ambivalenz als das Maß für die bewertete Unterschiedlichkeit (oder Inkonsistenz) von Vorstellungen dar. In diesem Zusammenhang führen *Armitage und Conner* (2000, S. 1422 f.) an, dass Einstellungen die für eine Person von Nöten sind (bspw. bei der Entscheidungsbildung), auf Grundlage der verfügbaren Informationen gebildet werden. Hierbei nennen auch sie Inkonsistenzen als bestimmenden Faktor bei der Bildung ambivalenter Einstellungen.

Jonas et al. (1997, S. 194) gehören zu den ersten Forschern, die Ambivalenz durchentsprechende experimentelle Manipulation herzustellen versuchten. In ihrer Studie konfrontierten sie Probanden mit einem unbekannten Shampoo, beschrieben durch die vier Kriterien Wirksamkeit, Preis, Allergene und Umweltverträglichkeit.[22] Jeder Proband erhielt Informationen zu ge-

[22] Die vier Kriterien wiesen hierbei folgende mögliche Ausprägungen auf: Wirksamkeit (sehr gut, gut, befriedigend, annehmbar, schlecht), Preiskategorie (niedrig, mittel, hoch), Allergene enthalten (ja, nein) und Umweltverträglichkeit (niedrig, mittel, hoch) (Jonas et al., 1997, S. 195).

nau einem Shampoo, welches vermeintlich von der deutschen Verbraucherorganisation „Stiftung Warentest" bewertet wurde. Die Ambivalenz der Probanden wurde dabei durch eine Variation der Konsistenz der Produktinformationen manipuliert, wobei die Erzeugung von Ambivalenz mittels inkonsistenter Produktinformationen erfolgte. Dies bedeutet, dass zwei der vier Kriterien eine maximal positive Ausprägung und zwei eine maximal negative Ausprägung hatten. Probanden, welche hingegen Teil der Nicht-Ambivalenz-Gruppe waren, erhielten ein Produkt mit vier maximal positiven Ausprägungen oder vier maximal negativen Ausprägungen (Jonas et al., 1997, S. 195 f.).[23] Mithilfe dieses Experimentes konnten *Jonas et al.* (1997, S. 198) u.a. zeigen, dass inkonsistente Produktinformationen einen höheren Grad an Ambivalenz erzeugen als konsistente Produktinformationen.

Darüber hinaus ist bezüglich des Zusammenhangs zwischen Inkonsistenz und Ambivalenz das tatsächliche Bewusstsein der inkonsistenten Informationen von Interesse. Wie bereits im Rahmen des Forbidden-Toy-Paradigmas in *Kapitel 2.3.3* angesprochen, erhöht das Bewusstsein der eigenen kognitiven Inkonsistenzen den Grad des durch Ambivalenz hervorgerufenen Unbehagens (Newby-Clark et al., 2002, S. 158). *Newby-Clark et al.* (2002, S. 158) untersuchen im Rahmen ihrer Studien zum Forbidden-Toy-Paradigma sowohl die potenzielle als auch die wahrgenommene Ambivalenz (vgl. *Kapitel 2.1.2)*. Erstere bezieht sie auf die Beurteilung kognitiver Inkonsistenzen und letztere auf das Erleben von Unbehagen. Da sich wahrgenommene Ambivalenz jedoch nicht unmittelbar mit dem Empfinden von Unbehagen gleichsetzen lässt, sondern vielmehr das Erleben gemischter Gefühle repräsentiert, ist auch die Arbeit von *Newby-Clark et al.* (2002, S. 158) differenzierter zu betrachten.

Die Autoren postulieren, dass das Bewusstsein der eigenen potenziellen Ambivalenz die Stärke der Beziehung zwischen potenzieller und wahrgenommener Ambivalenz bestimmt. Die Beziehung zwischen potenzieller und wahrgenommener Ambivalenz gewinnt somit an Stärke, wenn das Bewusstsein der eigenen potenziellen Ambivalenz zunimmt. Da potenzielle Ambivalenz als Konfrontation mit inkonsistenten Informationen verstanden werden kann, ergibt sich die Annahme, dass inkonsistente Informationen bei entsprechender Darstellung auch bewusst als inkonsistent wahrgenommen werden. Damit lässt sich aufbauend auf den Ergebnissen von

[23] Im Verlauf der Studie stellte sich heraus, dass keine signifikanten Unterschiede zwischen der nicht-ambivalent positiven und der nicht-ambivalent negativen Gruppe u.a. bezüglich der Ambivalenz bestehen. Diese Ergebnisse sprechen für die vermutete Gleichwertigkeit der beiden Gruppen (Jonas et al., 1997, S. 207).

Newby-Clark et al. (2002, S. 160) vermuten, dass bewusst wahrgenommenen inkonsistente Informationen zu dem Erleben gemischter Gefühle führen. Aus diesen theoretischen Überlegungen leitet sich die dritte Hypothese über den direkten Einfluss der Konsistenz der Produktinformationen auf die Ambivalenz ab:

> Hypothese 3:
>
> Konsumenten, die inkonsistente Produktinformationen erhalten, empfinden eine stärker wahrgenommene Ambivalenz gegenüber dem Produkt als Konsumenten, die (positiv) konsistente Produktinformationen erhalten.

3.2.2 Der direkte Einfluss der Konsistenz der Produktinformationen auf das Unbehagen

Inkonsistenzen beeinflussen jedoch nicht nur die Ambivalenz, sondern aufgrund des menschlichen Strebens nach einem Gleichgewicht des kognitiven Systems auch unmittelbar das Erleben von Unbehagen. In diesem Zusammenhang ist die in *Kapitel 2.3.1* bereits erwähnte Theorie der kognitiven Dissonanz von Interesse. Existieren Inkonsistenzen, welche nicht ohne weiteres aufgelöst werden können, so entsteht nicht selten eine psychologisch begründete Form des Unbehagens. Dies begründet *Festinger* (1957, S. 2) mit dem unbefriedigten Bedürfnis zur Herstellung kognitiver Konsistenz, wobei sich Dissonanzen auf Kognitionen von Menschen beziehen. Dementsprechend resultieren widersprüchliche Kognitionen bzw. Inkonsistenzen in Dissonanz und somit in Unbehagen (Festinger, 1957, S. 9; Raab & Unger, 2001, S. 42). Auf Grundlage der Überlegungen von *Festinger* zur Dissonanztheorie ergibt sich ferner, dass die Stärke der dissonanten Beziehung zwischen wahrgenommenen Kognitionen die Empfindung des damit verbundenen Unbehagens positiv beeinflusst (Costarelli & Colloca, 2007, S. 924; Festinger, 1957, S. 16).

Oinas-Kukkonen und Harjumaa (2008, S. 166) argumentieren, dass Menschen psychologisch begründete Inkonsistenz allgemein als störend empfinden, weshalb diese motiviert sind (oder sich sogar verpflichtet fühlen), ihre Gedanken neu zu ordnen und Konsistenz wiederherzustellen. Ähnlich wie bereits *Newby-Clark et al.* (2002, S. 158) weisen sie auf die Notwendigkeit des Bewusstseins der Inkonsistenzen hin, d.h. eine Person muss sich der Existenz vorhandener Inkonsistenzen bewusst sein, um ein Gefühl des Unbehagens zu empfinden. Darüber hinaus kritisieren *Oinas-Kukkonen und Harjumaa* (2008, S. 166) die Idee der kognitiven Inkonsistenz in Ansätzen. Sie postulieren, dass Menschen nie vollkommen konsistent bezüglich ihrer Handlungen sind und sich aufgrund dessen tagtäglich mit kleineren Inkonsistenzen auseinandersetzen müssen. Sachlogisch bedeutet dies, dass besonders das Vorhandensein ausgeprägter Inkonsistenzen im Vergleich zu nur schwachen Inkonsistenzen Unbehagen hervorruft.

Darüber hinaus argumentieren *van Harreveld et al.* (2009a, S. 167), dass Inkonsistenzen aufgrund des Bewertungskonfliktes als unangenehm empfunden werden. Da bspw. auf Grundlage der Theorie der kognitiven Dissonanz (Festinger, 1957, S. 31) Inkonsistenzen zwischen unterschiedlichen Einstellungen oder zwischen Einstellung und Verhalten als unangenehm empfunden werden, folgern *van Harreveld et al.* (2009a, S. 167; 2014, S. 1666 f.), dass auch Inkonsistenzen innerhalb einer Einstellung Unbehagen auslosen. Zudem argumentieren *Jonas et al.* (1997, S. 206), dass bei Vorliegen inkonsistenter Informationen die Unsicherheit bezüglich der eigenen Einstellung erhöht ist und diese Unsicherheit letztlich in Unbehagen resultiert. Auf Grundlage dieser sachlogischen Schlussfolgerungen ergibt sich die folgende Hypothese über den direkten Einfluss der Konsistenz der Produktinformationen auf das Unbehagen:

Hypothese 4:

> Konsumenten, die inkonsistente Produktinformationen erhalten, empfinden einen höheren Grad an Unbehagen als Konsumenten, die (positiv) konsistente Produktinformationen erhalten.

3.2.3 Der moderierende Einfluss des Konsistenzstrebens

Wie bereits in *Kapitel 2.3.1* erwähnt, streben Menschen von Natur aus nach Konsistenz. Dennoch gibt es individuelle und situationsspezifische Unterschiede bezüglich dieser Präferenz. *Guadagno und Cialdini* (2010, S. 152) führen an, dass sich diese individuellen Unterschiede in dem Verlangen nach persönlicher und öffentlicher Konsistenz sowie nach der Konsistenz anderer Personen zeigen.[24] Hierbei unterscheiden sich Individuen mit einem schwachen deutlich von Individuen mit einem starken Konsistenzstreben. Erstere bevorzugen Veränderungen,

[24] Persönliche Konsistenz bezieht sich auf das Bedürfnis, zu gewährleisten, dass eigene Werte, Einstellungen und Überzeugungen miteinander vereinbar sind. Öffentliche Konsistenz bezieht sich auf das Bedürfnis, auf andere Personen konsistent zu wirken. Die Konsistenz anderer Personen bezieht sich auf das Bedürfnis, andere Personen als konsistent wahrzunehmen (Cialdini et al., 1995, S. 319).

Spontanität und eine gewisse Unvorhersehbarkeit in der Art, wie sie auf soziale Stimuli reagieren. Darüber hinaus zeigen sie keine starke Präferenz für eine Kongruenz zwischen gegenwärtigem und früherem Verhalten. Letztere wiederum schätzen persönliche Konsistenz und streben danach, auf die meisten Situationen konsistent mit früheren Einstellungen, Verhalten und Verpflichtungen zu reagieren. Dies begründen *Cialdini et al.* (1995, S. 325) mit dem Ausmaß der Neigung, auf neue Stimuli konform mit bereits bestehenden Variablen zu reagieren. Folglich gewichten Menschen mit einem starken Konsistenzstreben bereits bestehende Variablen (bspw. bisherige Erwartungen oder Verpflichtungen) bis zu einem bestimmten Grad und passen damit ihre anschließende Reaktion auf neue Stimuli entsprechend an. Menschen mit einem schwachen Konsistenzstreben hingegen gewichten solche Variablen in Bezug auf ihre anschließende Reaktion in einem deutlich schwächeren Ausmaß. Daraus lässt sich sachlogisch ableiten, dass Menschen mit einem starken Konsistenzstreben die Inkonsistenz von Informationen deutlich stärker gewichten als Menschen mit einem schwachen Konsistenzstreben. Somit führt die Widersprüchlichkeit von Informationen für Menschen mit einem starken Konsistenzstreben auch zu einer stärker wahrgenommenen Ambivalenz. Hieraus ergibt sich folgende Erweiterung der Hypothese H3 über den Zusammenhang zwischen der Konsistenz der Produktinformationen und der Ambivalenz, um den moderierenden Einfluss des Konsistenzstrebens:

Hypothese 5:

Konsumenten, die inkonsistente Produktinformationen erhalten, empfinden eine stärker wahrgenommene Ambivalenz gegenüber dem Produkt als Konsumenten, die (positiv) konsistente Produktinformationen erhalten. Dieser Effekt wird durch ein starkes Konsistenzstreben verstärkt.

Der Zusammenhang zwischen dem Konsistenzstreben und dem Empfinden von Unbehagen im Kontext von Ambivalenz wurde bereits durch *Newby-Clark et al.* (2002, S. 158) untersucht. Im Rahmen eines Experimentes gelingt es ihnen nachzuweisen, dass das individuelle Konsistenzstreben einen moderierenden Einfluss auf die Beziehung zwischen Ambivalenz und dem Erleben von Unbehagen hat. Probanden mit ausgeprägtem Konsistenzstreben empfanden bei Konfrontation mit den ihrer Einstellung zugrunde liegenden Inkonsistenzen stets Unbehagen (Newby-Clark et al., 2002, S. 163). Wie bereits erläutert (vgl. *Kapitel 3.2.1*) können die von

Newby-Clark et al. (2002, S. 157 ff.) verwendeten Begrifflichkeiten jedoch nicht vollständig auf die vorliegende Studie übertragen werden. Da die Autoren im Zusammenhang mit dem Konsistenzstreben jedoch sowohl das Empfinden von Ambivalenz als auch das explizite Erleben von Unbehagen herausstellen, lässt sich aus ihrem Experiment ableiten, dass eine differenzierte Betrachtung von Ambivalenz und Unbehagen möglich ist. Dementsprechend sollte das individuelle Streben nach Konsistenz auch einen moderierenden Einfluss auf den in H4 postulierten Zusammenhang zwischen der Konsistenz der Produktinformationen und dem empfundenen Unbehagen ausüben. Folgende Hypothese fasst diese Überlegung zusammen:

Hypothese 6:

Konsumenten, die inkonsistente Produktinformationen erhalten, empfinden einen höheren Grad an Unbehagen als Konsumenten, die (positiv) konsistente Produktinformationen erhalten. Dieser Effekt wird durch ein starkes Konsistenzstreben verstärkt.

Abbildung 4 verdeutlicht die in H1 bis H6 postulierten, direkten und moderierenden Zusammenhänge grafisch.

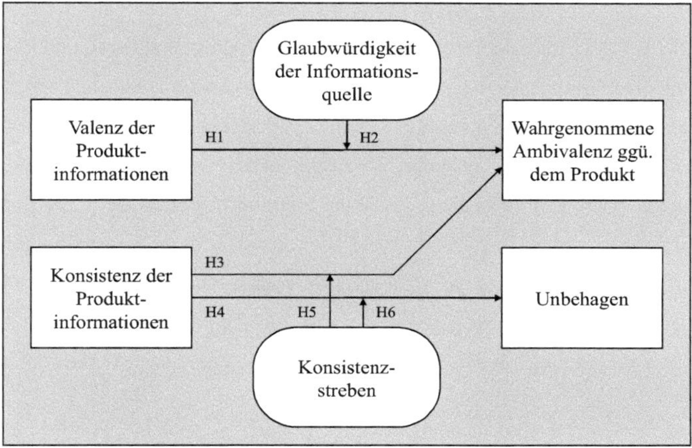

Abbildung 4: Grafische Darstellung der Hypothesen H1-H6[25]

[25] Eigene Abbildung.

3.3 Die Interaktion von Valenz und Konsistenz der Produktinformationen

Die Komponenten einer Einstellung setzen sich zumeist aus affektiven und kognitiven Elementen zusammen (Ajzen, 2001, S. 34). Dementsprechend ist auch Ambivalenz gleichermaßen durch diese beiden Komponenten bedingt. Hierbei unterscheiden *Maio et al.* (2000, S. 71 f.) zwischen Ambivalenz innerhalb dieser Bestandteile und Ambivalenz zwischen diesen Bestandteilen. Während die Ambivalenz innerhalb dieser Bestandteile weiter oben bereits eine Erörterung erfuhr, interessiert nun die Ambivalenz, welche aufgrund eines Konfliktes zwischen affektiven und kognitiven Komponenten entsteht. So kann diese Form der Ambivalenz bspw. beobachtet werden, wenn eine Person negative Gedanken, aber positive Gefühle oder positive Gedanken, aber negative Gefühle bezüglich eines Objektes hat (Maio et al., 2000, S. 72).[26] Der aus den widersprüchlichen Gefühlen und Gedanken – oder auch Affekten und Kognitionen – resultierende Konflikt führt dabei zur Wahrnehmung von Ambivalenz.

Lavine et al. (1998, S. 402) argumentieren in diesem Zusammenhang, dass möglicherweise eine der beiden Komponenten einen stärkeren Einfluss auf die Einstellungsbildung hat als die andere und somit nicht alle Informationen gleichermaßen gewichtet werden. Sie postulieren, dass sich Personen bei Vorhandensein eines Konfliktes zwischen Affekt und Kognition in einem stärkeren Maß auf ihre emotionalen Reaktionen anstatt auf ihre kognitiven Wahrnehmungen bezüglich des Einstellungsobjektes verlassen. Zur Argumentation ziehen sie die Erkenntnisse von *Zajonc* (1984, S. 118 f.) über die Dominanz von Affekten bei der Präferenz- und Einstellungsbildung heran. So gehen Affekte Kognitionen bspw. zeitlich häufig voraus und affektive Reaktionen werden zumeist verstärkt als subjektiv valide angesehen und sind damit stärker mit der eigenen Persönlichkeit verknüpft als kognitive Reaktionen. Wenn also diese beiden Arten von Informationen in einem Konflikt stehen, geben die Emotionen, welche durch das Einstellungsobjekt hervorgerufen werden, mehr Aufschluss über die tatsächliche Bewertung des Objektes als die kognitiven Einschätzungen der Attribute des Objektes. Darüber hinaus können affektive Informationen leichter in Erinnerung gebracht werden als kognitive Informationen – auch wegen der engeren Verbindung mit der eigenen Persönlichkeit. Dies bedeutet, dass das Wiederab-

[26] Als Beispiel führen Lavine et al. (1998, S. 401) die Todesstrafe an. Eine Person kann zum einen der (positiven) Auffassung sein, dass die Todesstrafe eine effektive Abschreckungsmaßnahme darstellt, um Straftaten zu verhindern. Gleichzeitig kann diese Person jedoch auch negative Gefühle empfinden, bspw. ein Gefühl der Abscheu, da auf Grundlage der Todesstrafe einer anderen Person das Leben genommen wird.

rufen einstellungsrelevanter Informationen stärker von affektiven als von kognitiven Informationen gelenkt ist (Lavine et al., 1998, S. 402).

In ihrer Studie konnten *Lavine et al.* (1998, S. 398 f.) die Dominanz von Affekten für ambivalent eingestellte Personen bestätigen. Für Probanden deren Affekte und Kognitionen von entgegengesetzter Wertigkeit waren (d.h. das Vorliegen von Ambivalenz), konnte beobachtet werden, dass Affekte in der Regel einen stärkeren Einfluss auf die Einstellung und das Verhalten der Probanden hatten als Kognitionen. Für Probanden, deren Affekte und Kognitionen jedoch von gleicher Wertigkeit waren (d.h. das Vorliegen von Univalenz), konnte solch ein Effekt nicht beobachtet werden. In diesem Fall hatten Affekte und Kognitionen annähernd den gleichen Einfluss auf Einstellung und Verhalten. Hieraus kann zum einen gefolgert werden, dass Affekte und Kognitionen von annähernd gleicher Wertigkeit einen ausgeglichenen Einfluss auf die Einstellungsbildung haben und zu einer vergleichsweise eindeutigen Einstellung führen. Es lässt sich die folgende Hypothese über den Interaktionseffekt zwischen (positiv) konsistenten und positiveren Produktinformationen aufstellen:

Hypothese 7a:

(Positiv) konsistente und (gemischt) positivere Produktinformationen führen zur schwächsten wahrgenommenen Ambivalenz gegenüber dem Produkt.

Darüber hinaus lässt sich vermuten, dass bei Affekten und Kognitionen von entgegengesetzter Valenz die affektive Komponente stärker gewichtet wird. In der vorliegenden Studie bildet nur die Kombination (positiv) konsistenter und negativerer Produktinformationen ein Paar, welches sich durch eine annähernd vollkommen entgegengesetzte Valenz kennzeichnet. In diesem Fall üben die negativeren Produktinformationen vermutlich einen stärkeren Einfluss auf die Einstellungsbildung aus als die (positiv) konsistenten Informationen. Auch ist davon auszugehen, dass widersprüchliche Kognitionen und Affekte zu einer vergleichsweise weniger eindeutigen Einstellung führen als übereinstimmende Kognitionen und Affekte. Daher lässt sich vermuten, dass die verstärkte Gewichtung von Affekten einen positiven Einfluss auf die Entstehung von Ambivalenz hat. Auch wird erwartet, dass bereits die bloße Inkonsistenz zwischen den Wertigkeiten zu einer ambivalenten Einstellung führt.[27] Es ergibt sich die Hypothese über den Interaktionseffekt zwischen (positiv) konsistenten und negativeren Produktinformationen und deren verstärkender Wirkung auf die Entstehung von wahrgenommener Ambivalenz:

Hypothese 7b:

(Positiv) konsistente und (gemischt) negativere Produktinformationen führen zur stärksten wahrgenommenen Ambivalenz gegenüber dem Produkt.

Zusätzlich lassen sich vergleichbare Interaktionseffekte bezüglich der Entstehung von Unbehagen herleiten. Wie bereits in *Kapitel 1* angesprochen, befasst sich auch die Theorie der affektiv-kognitiven Konsistenz von *Rosenberg* (1960, S. 15 ff.) mit den Wirkungsmechanismen von Affekten und Kognitionen. Hierbei existieren Inkonsistenzen zwischen Affekten und Kognitionen, wenn diese nicht miteinander vereinbar sind. Die Tatsache, dass Personen im Fall einer wahrgenommenen Inkonsistenz bemüht sind, diese durch eine Änderung der affektiven Bewertung oder eine Änderung der kognitiven Überzeugung in eine Konsistenz umzuwandeln, lässt auf das mit Inkonsistenz verbundene Unbehagen schließen (Koschnick, 1995, S. 19). Dies bedeutet, dass die Inkonsistenzen innerhalb einer Einstellung nicht nur verstärkt Ambivalenz bedingen, sondern zeitgleich eine Form des Unbehagens hervorrufen. Daraus lässt sich sachlogisch ableiten, dass eine höhere Inkonsistenz zwischen der affektiven und kognitiven Komponente einer Einstellung mit einem höheren Unbehagen einhergeht. Darüber hinaus lässt sich vermuten, dass bei Affekten und Kognitionen entgegengesetzter Valenz die affektive Komponente stärker gewichtet wird und somit eine negative Valenz eine verstärkende Wirkung auf die Entstehung von Unbehagen ausübt. Es ergibt sich somit die folgende Hypothese über den Interaktionseffekt zwischen (positiv) konsistenten und negativeren Produktinformationen und deren verstärkender Wirkung auf die Entstehung von Unbehagen:

[27] Hierfür können u.a. erneut die Ergebnisse von Jonas et al. (1997, S. 198) herangezogen und dahingehend erweitert werden, dass nicht nur eine Inkonsistenz der Kognitionen, sondern auch eine Inkonsistenz zwischen den Einstellungskomponenten Ambivalenz auslöst.

Hypothese 8a:

(Positiv) konsistente und negativere Produktinformationen verstärken sich gegenseitig und führen zum höchsten Grad an Unbehagen.

Für die gegensätzliche Kombination von Produktinformationen lässt sich sachlogisch eine gegenteilige Wirkung vermuten. Falls weder eine Inkonsistenz zwischen der Valenz der Produktinformationen noch eine stärkere Gewichtung der affektiven Komponente vorliegt, wird eine vergleichsweise niedrige Erregung von Unbehagen angenommen. Es folgt daher die Hypothese über den Interaktionseffekt zwischen (positiv) konsistenten und positiveren Produktinformationen und deren abschwächender Wirkung auf die Entstehung von Unbehagen:

Hypothese 8b:

(Positiv) konsistente und negativere Produktinformationen verstärken sich gegenseitig und führen zum höchsten Grad an Unbehagen.

Die in den Hypothesen H7a, H7b, H8a und H8b postulierten Interaktionseffekte sind in der nachfolgenden *Abbildung 5* dargestellt.

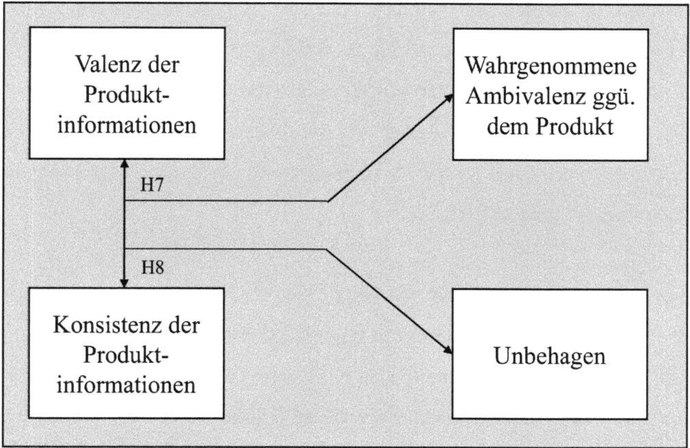

Abbildung 5: Grafische Darstellung der Hypothesen H7 und H8[28]

[28] Eigene Abbildung.

3.4 Der Einfluss der wahrgenommenen Ambivalenz

3.4.1 Der direkte Einfluss der Ambivalenz auf das antizipierte Bedauern

Häufig sind unterschiedliche Emotionen wie Bedauern, Angst, Enttäuschung, Schuld oder Sorge unmittelbar mit dem Erleben von Ambivalenz verbunden (van Harreveld et al., 2009a, S. 172). Aufgrund der Unsicherheit über die Folgen und Ausgänge von Entscheidungen sind diese Emotionen besonders in Entscheidungssituationen relevant (van Harreveld et al., 2009b, S. 50). *Van Harreveld et al.* (2009b, S. 50) führen die Antizipation negativer Affekte als Begründung für die Unsicherheit ambivalenter Personen an. Diese negativen Affekte können auftreten wenn eine Person feststellt, dass sie in einer Situation die vermeintlich falsche Entscheidung getroffen hat. Diejenige Emotion, welche hierbei am stärksten und unmittelbar mit der Entscheidungsfindung in Verbindung gebracht wird, ist das Bedauern. Bedauern tritt dann auf, wenn sich eine Person verantwortlich für die negativen Ausgänge einer Entscheidung fühlt (Loomes & Sugden, 1982, S. 822). Hierbei steht insbesondere die Antizipation von Bedauern eng in Verbindung mit ambivalenten Entscheidungssituationen. In seiner Abwandlung der Theorie der kognitiven Dissonanz verbindet *Festinger* (1964, S. 100) Bedauern mit Entscheidungen, welche in Dissonanz resultieren (Wiswede, 2004, S. 454). Hierbei argumentiert er, dass Individuen, welche bereits eine Entscheidung getroffen haben, dazu neigen ihre Aufmerksamkeit auf die nachteiligen Attribute der gewählten Alternative und auf die vorteiligen Attribute der abgewiesenen Alternative zu lenken. Darüber hinaus führt *Festinger* (1964, S. 100) an, dass Gefühle des Bedauerns zeitlich insbesondere zwischen dem Bewusstsein der eigenen Dissonanz und der daraus folgenden Reduzierung der Dissonanz auftreten. Dementsprechend geht Bedauern den Strategien zur Dissonanzverringerung voraus (Festinger, 1964, S. 110 f.). Das Erleben von Bedauern bezieht sich folglich auf die der Entscheidungsfindung nachgelagerte Dissonanz, wohingegen die Antizipation von Bedauern für ambivalente Personen insbesondere vor der Entscheidungsfindung auftritt.

Darüber hinaus konnten *Gilovich und Medvev* (1995, S. 380) zeigen, dass Tätigkeiten oder Handlungen kurzfristig betrachtet stärker mit Bedauern verknüpft sind als Untätigkeiten.[29] *Van Harreveld et al.* (2009b, S. 50) argumentieren in diesem Zusammenhang, dass für eine ambivalente Person die Wahl zwischen zwei widersprüchlichen Stühlen als Handlung angesehen

[29] Langfristig betrachtet sind jedoch Untätigkeiten stärker mit Bedauern verknüpft (Gilovich & Medvev, 1995, S. 380). Da es sich bei dem Phänomen der Ambivalenz jedoch primär um ein temporär befristetes Phänomen handelt, wird besonders der kurzfristige Aspekt von Bedauern betrachtet (Nordgren et al., 2006, S. 252 f.).

werden kann und somit voraussichtlich die Antizipation von Bedauern erhöht. *Schwartz et al.* (2002, S. 1193) führen weiterhin an, dass Entscheidungssituationen in denen kein vollständiger Vergleich aller Alternativen möglich ist, in Ambivalenz resultieren. Da Ambivalenz auf Widersprüchlichkeit beruht, ist der gründliche Vergleich aller widersprüchlichen Meinungen, Gedanke und Gefühle bezüglich eines Objektes nur schwer möglich, weshalb Ambivalenz mit der Antizipation von Bedauern einhergeht. Weiterhin besteht ein Zusammenhang zwischen Bedauern und dem Umgang mit Entscheidungssituationen. Ein Grund, weshalb Personen das Treffen von Entscheidungen vermeiden, ist die Antizipation von Bedauern (Anderson, 2003, S. 162). Wie bereits angesprochen, verbinden Personen ihre Ambivalenz nicht zwangsweise mit Gefühlen des Unbehagens. Somit besteht auch kein Anreiz, sich selbst unmittelbar in eine Entscheidungssituation zu bringen, welche einen die eigenen gemischten Gefühle überwinden lässt. Diese Vermeidung der Konfrontation führt dabei zu einer Verstärkung des antizipierten Bedauerns. Aufgrund dieser Überlegungen lässt sich sachlogisch die folgende Hypothese über den direkten Einfluss der wahrgenommenen Ambivalenz auf das antizipierte Bedauern ableiten:

Hypothese 9:

Konsumenten empfinden mit steigender wahrgenommener Ambivalenz gegenüber dem Produkt einen höheren Grad an antizipiertem Bedauern.

3.4.2 Der Einfluss der Ambivalenz auf das Unbehagen

Wie bereits in *Kapitel 2.4.1* erläutert, kann das Erleben von Ambivalenz zu Gefühlen des Unbehagens führen. Maßgeblich ist dabei insbesondere die empfundene Unsicherheit der ambivalent eingestellten Person. *Van Harreveld et al.* (2009b, S. 49 f.) führen hierzu als Beispiel den Kauf eines Fahrzeuges an. Eine Person muss sich entscheiden, ob sie ein neues Auto der Marke „Saab" kaufen möchte oder nicht. Den Kauf in Erwägung zu ziehen kann zu der Antizipation positiver Konsequenzen (besserer Status, schnelles Transportmittel), aber auch negativer Konsequenzen führen (Benzinpreis, hoher Wartungsaufwand). Umgekehrt führt auch die Überlegung, das Fahrzeug nicht zu kaufen, zur Antizipation sowohl positiver (Bewahrung der Umwelt) als auch negativer Konsequenzen (unmodisch zu sein). Die mit jeder der beiden Alternativen (Kauf oder Nichtkauf) verknüpften Ausgänge, sind dementsprechend ungewiss. Aufgrund des beschriebenen Zustandes empfindet der potentielle Käufer also Ambivalenz verbunden mit Unsicherheit, was wiederum in Gefühlen des Unbehagens resultiert.

Bereits anhand dieses Beispiels wird deutlich, dass besonders die Konfrontation mit einer Entscheidungssituation negative Affekte auslöst. Hierbei argumentiert *Hogarth* (1981, S. 201), dass bereits das Bewusstsein über eine potenziell bevorstehende Entscheidung Gefühle des Widerspruches und Unbehagens auslösen kann. Aufgrund der Antizipation unsicherer Ausgänge einer bevorstehenden Entscheidung, kann Ambivalenz somit unmittelbar mit dem Empfinden von Unbehagen in Verbindung gebracht werden.

Ferner lässt sich die bereits angesprochene menschliche Bevorzugung von Konsistenz gegenüber Inkonsistenz zur Erklärung der durch Ambivalenz begründeten negativen Affekte heranziehen. Zwar argumentieren *van Harreveld et al.* (2009a, S. 172), dass in Situationen ohne Entscheidungszwang der Zustand der Ambivalenz nicht anstrengender sein muss als der Zustand von Univalenz. Doch aufgrund des Strebens nach innerer Konsistenz und Widerspruchsfreiheit und der Tatsache, dass Ambivalenz einen natürlich gegebenen Zustand von Unordnung kennzeichnet, lässt sich dennoch vermuten, dass das Erleben gemischter Gefühle zumindest in schwachem Maße mehr Unbehagen auslöst als das Erleben eindeutiger Gefühle (van Harreveld et al., 2015, S. 306). Aus dieser sachlogischen Schlussfolgerung folgt die Hypothese 10 über den direkten Einfluss der wahrgenommenen Ambivalenz auf das empfundene Unbehagen:

> Hypothese 10:
>
> Konsumenten empfinden mit steigender wahrgenommener Ambivalenz gegenüber dem Produkt einen höheren Grad an Unbehagen.

Darüber hinaus lässt sich herleiten, dass ambivalente Personen insbesondere aufgrund der Antizipation von Bedauern Unbehagen empfinden (van Harreveld et al., 2009b, S. 51). Als Erklärung hierfür dient das Phänomen des kontrafaktischen Denkens, welches sich mit nicht eingetretenen Ereignissen aus der Vergangenheit beschäftigt. Die Beschäftigung mit alternativen Gedanken und Zuständen, welche hätten eintreten können, ist eng verbunden mit Bedauern. Es geht somit nicht primär um tatsächlich eingetretene Ereignisse, sondern vielmehr um jene Ereignisse, welche alternativ hätten eintreten können (Roese, 1997, S. 133). Diese mentale Auseinandersetzung mit allen möglichen Ausgängen in einer Entscheidungssituation ist unweigerlich mit negativen Gefühlen verbunden (Roese, 1997, S. 142). Aufgrund kontrafaktischer Gedanken lässt sich annehmen, dass ambivalente Personen, welche ein hohes Maß an Bedauern über ihre eigene Entscheidung erwarten, unweigerlich Gefühle des Verlustes empfinden, wenn sie mit den möglichen Alternativen einer potenziellen Entscheidung konfrontiert werden. Diese Gefühle des Verlustes sind schmerzlich und spiegeln sich in Gefühlen des Unbehagens wieder. Daher ergibt sich die folgende Hypothese über den direkten Einfluss des antizipierten Bedauerns auf das Unbehagen:

Hypothese 11:

Konsumenten empfinden mit steigendem antizipiertem Bedauern einen höheren Grad an Unbehagen.

3.4.3 Der moderierende Einfluss des Entscheidungszwangs

Um zu erklären, welche Wirkung eine Entscheidungssituation auf den Zusammenhang zwischen Ambivalenz und Unbehagen hat, dient das in *Kapitel 2.4.1* beschriebene Experiment von *van Harreveld et al.* (2009a, S. 167 ff.). *Van Harreveld et al.* (2009a, S. 167 ff.) manipulierten die Entscheidungssituation dahingehend, dass die Probanden zu einer Festlegung auf eine der beiden ambivalenten Seiten gezwungen wurden. Die Situation, sich für oder gegen ein ambivalentes Thema entscheiden zu müssen, löste bei den Probanden Unbehagen aus, welches im Anschluss an die Entscheidung besonders deutlich zu Tage trat. Probanden, welche jedoch nicht gezwungen waren einen eindeutigen Standpunkt zu beziehen und deren Ambivalenz somit weiterhin unverbindlich blieb, wiesen ein vergleichsweise geringer erhöhtes Unbehagen auf.

Als Erklärung hierfür bietet sich erneut die Theorie der kognitiven Dissonanz an (Festinger, 1957, S. 32 ff.). Wie in *Kapitel 2.3.1* beschrieben, bezieht sich diese hauptsächlich auf Inkonsistenzen zwischen Einstellungen und Verhalten. Ferner sind Dissonanzen primär als Entscheidungen nachgelagertes Phänomen zu verstehen, wobei *Festinger* (1957, S. 32) ihr Auftreten als eine hauptsächliche Folge von Entscheidungssituationen beschreibt. Hierbei unterscheidet er u.a. zwischen Situationen, in welchen zwischen negativen, zwischen positiven oder zwischen sowohl positiven als auch negativen Alternativen gewählt werden muss (Festinger, 1957, S. 35 f.). Besonders die Entscheidung zwischen zwei Alternativen mit jeweils sowohl positiven als auch negativen Eigenschaften, lässt sich auf das Phänomen der Ambivalenz übertragen. Eine ambivalente Person hat zeitgleich sowohl eine positive als auch eine negative Einstellung zu einem Einstellungsobjekt. Folglich ist sie in einer Entscheidungssituation gezwungen, sich für eine von zwei Seiten zu entscheiden – obwohl für sie keine der beiden Seiten vollkommen zufriedenstellend ist (van Harreveld et al., 2009a, S. 168). Laut *Festinger* (1964, S. 110 f.) wird sich die ambivalente Person im Anschluss an ihre Entscheidung auf die positiven Eigenschaften der nicht-gewählten und auf die negativen Eigenschaften der gewählten Seite fokussieren. Diese Dissonanz zwischen Einstellung (Ambivalenz) und Verhalten (Entscheidungszwang für eine von zwei nicht vollkommen zufriedenstellenden Alternativen) resultiert in einem psychologisch unangenehmen Zustand (Festinger, 1957, S. 3). Vertritt eine Person also gleichzeitig zwei Standpunkte, so resultiert der Zwang einen dieser beiden Standpunkte aufzugeben unweigerlich in Gefühlen des Verlustes – selbst wenn der Entscheidung keine unmittelbaren Konsequenzen folgen. Als Erweiterung der Hypothese H10 ergibt sich Hypothese 12 zum moderierenden Einfluss eines Entscheidungszwangs:

Hypothese 12:

Konsumenten empfinden mit steigender wahrgenommener Ambivalenz gegenüber dem Produkt einen höheren Grad an Unbehagen. Dieser Effekt wird durch das Vorhandensein eines Entscheidungszwangs verstärkt.

Weiterhin lässt sich herleiten, dass die Entscheidungssituation auch einen moderierenden Einfluss auf die Beziehung zwischen antizipiertem Bedauern und Unbehagen ausübt. Wie in *Kapitel 3.4.1* erwähnt, führen Tätigkeiten oder Handlungen im Vergleich zu Untätigkeiten in einem stärkeren Maß zu Gefühlen des Bedauerns (Gilovich & Medvev, 1995, S. 380). Das Vorhandensein eines Entscheidungszwangs und somit die Wahl einer von zwei ambivalenten Seiten kann hierbei als Handlung verstanden werden, welche zu erhöhten Gefühlen des Verlustes führt. Liegt hingegen kein Entscheidungszwang vor, so kann die ambivalente Person untätig bleiben. Es lässt sich daher vermuten, dass sich in erzwungenen Entscheidungssituationen die Antizipation von Bedauern deutlich stärker in Form tatsächlichen Bedauerns ausdrückt und somit zu Gefühlen des Unbehagens führt.

Darüber hinaus spielt in diesem Zusammenhang erneut die Unsicherheit über die Folgen der eigenen Entscheidung eine Rolle. *Van Harreveld et al.* (2012, S. 4) argumentieren, dass diese Unsicherheit in der Antizipation von Bedauern begründet ist und schlussendlich zu Gefühlen des Unbehagens führt. Dies bedeutet, dass die Antizipation der potentiellen Konsequenzen in einer Situation mit Entscheidungszwang deutlich stärker auftritt als in einer Situation ohne Entscheidungszwang und insbesondere im Anschluss an die Entscheidung beobachtet werden kann.

Zudem konnten *Zeelenberg et al.* (1998, S. 255) zeigen, dass eine empfundene Verantwortung für die Konsequenzen der eigenen Entscheidung vorliegen muss, damit negative Affekte wie Bedauern oder auch Unbehagen entstehen. Basierend auf sachlogischen Überlegungen lässt sich folglich vermuten, dass in einer Situation, in welcher eine Person eine Entscheidung treffen muss, die Verantwortung für die eigene Entscheidung höher empfunden wird als in einer Situation, in welcher die Ambivalenz der Person unverbindlich bleibt. Somit führt neben der Ambivalenz selbst auch die Unsicherheit über die Konsequenzen der Entscheidung in Form des antizipierten Bedauerns in Situationen des Entscheidungszwangs zu Unbehagen (van Harreveld et al., 2009a, S. 169 f.). Daher wird die Hypothese H11 um den moderierenden Einfluss des Entscheidungszwangs erweitert, woraus die folgende Annahme resultiert:

Hypothese 13:

Konsumenten empfinden mit steigendem antizipiertem Bedauern einen höheren Grad an Unbehagen. Dieser Effekt wird durch das Vorhandensein eines Entscheidungszwangs verstärkt.

3.5 Der Einfluss der Ambivalenz und des Unbehagens auf die Absicht der Informationssuche

Ambivalente Personen empfinden im Vergleich zu eindeutig positiv oder negativ eingestellten Personen eine höhere Unsicherheit bezüglich der eigenen Einstellung und somit auch ein niedrigeres Vertrauen in diese (Jonas et al., 1997, S. 193). Um ein Verständnis für der Ambivalenz nachgelagerten Prozesse zu entwickeln, dient das heuristisch-systematische Modell der Informationsverarbeitung. Laut *Chen und Chaiken* (1999, S. 74) versuchen Menschen, ein Gleichgewicht herzustellen zwischen der Minimierung ihres kognitiven Aufwandes auf der einen Seite und der Befriedigung ihrer momentan motivationalen Bedenken auf der anderen Seite. Dies bedeutet bspw., dass Personen, welche motiviert sind, ein Objekt genau und vollständig zu beurteilen, genau so viel kognitive Leistung aufwenden werden wie nötig (und möglich), um ein hinreichendes Niveau an Vertrauen zu erreichen. Somit wird genau so viel kognitive Leistung aufgewendet, bis das individuelle Niveau des Vertrauens erreicht ist – und auf diese Weise die Lücke zwischen dem tatsächlichen und angestrebten Niveau des Vertrauens geschlossen wird. *Jonas et al.* (1997, S. 206) konnten in ihrer Studie bereits zeigen, dass sich ambivalente im Vergleich zu nicht-ambivalenten Personen durch eine erhöhte systematische Informationsverarbeitung auszeichnen. Ambivalente Personen streben nämlich danach, ihr vergleichsweise niedriges Niveau des Vertrauens in die eigene Einstellung auf diese Weise zu kompensieren. Daraus lässt sich schlussfolgern, dass ambivalente Personen stärker dazu neigen, weitere attributbezogene Informationen zu suchen. Auf diesem Wege soll das Vertrauen in die eigene Einstellung erhöht und wiederhergestellt sowie zugleich die mit der eigenen Einstellung verbundene Unsicherheit überwunden werden.

Darüber hinaus führen *Sawicki et al.* (2013, S. 743) an, dass Personen, die sich in einer Konfliktsituation befinden, (d.h. ambivalente Personen) ihre Inkonsistenz mit Hilfe von Informationssuche zu verringern versuchen. Sie neigen dabei dazu, der momentanen Einstellung entsprechende neuartige Informationen zu suchen. *Sawicki et al.* (2013, S. 743) vermuten ferner, dass auch zweifelnde Personen ihre eigene Unsicherheit mit der Suche nach entsprechenden Informationen verringern. Hierbei deuten die vergleichsweise schwache Struktur der Ambivalenz und deren hohe Anfälligkeit für überzeugende Botschaften darauf hin, dass auch ambivalente Personen verstärkt dazu neigen, ihre Ambivalenz mithilfe der gezielten Suche nach zusätzlichen Informationen zu überwinden (Armitage & Conner, 2000, S. 1429). Es lässt sich auch annehmen, dass dieser Zusammenhang für univalent eingestellte Personen nicht gegeben ist. Diese verfügen über größeres Vertrauen in die eigene Einstellung, weshalb kein unmittelbarer Bedarf besteht, aktiv nach weiteren Informationen zu suchen. Daraus ergibt sich die Hypothese über den Einfluss der Ambivalenz auf die Absicht der Informationssuche:

Hypothese 14:

> Konsumenten, die eine stärker wahrgenommene Ambivalenz gegenüber dem Produkt empfinden, beabsichtigen in einem höheren Maß, nach zusätzlichen Produktinformationen zu suchen.

Weiterhin ergibt sich aus der Theorie der kognitiven Dissonanz ein unmittelbarer Einfluss des Unbehagens auf die Absicht der Informationssuche. Es wurde bereits erläutert, dass Dissonanz (oder auch psychologisches Unbehagen) Personen motiviert, diese zu reduzieren und somit Konsonanz herzustellen (Festinger, 1957, S. 3). Besteht die Dissonanz aufgrund einer vorangegangenen Entscheidungssituation, so neigen Personen dazu, die relative Attraktivität der gewählten Alternative zu erhöhen und die relative Attraktivität der nicht gewählten Alternative zu verringern (Festinger, 1957, S. 44 ff.). Dies ist insbesondere dann der Fall, wenn eine moderate Form der Dissonanz (im Vergleich zu keiner oder sehr starker Dissonanz) vorliegt.

Eine Möglichkeit der Dissonanzreduktion stellt die selektive Informationssuche dar. Demnach suchen Personen gezielt nach Konsistenz erzeugenden Informationen und blenden Informationen aus, welche die vorhandene Dissonanz verstärken könnten (Festinger, 1957, S. 126 ff.; Nordgren et al., 2006, S. 253). *Adams* (1961, S. 74) zeigt diesbezüglich in seiner Studie, dass Personen, welche Dissonanz aufgrund widersprüchlicher Meinungen (d.h. aufgrund von Ambivalenz) empfinden, eher nach Informationen suchen als Personen, welche keine Dissonanz empfinden. Daraus lässt sich schließen, dass Dissonanz bzw. Unbehagen Strategien zur Überwindung der eigenen negativen Affekte fördert. Hieraus ergibt sich die folgende Hypothese über den Einfluss des Unbehagens auf die Absicht der Informationssuche:

> Hypothese 15:
>
> Empfinden Konsumenten einen moderaten Grad an Unbehagen, ist die Absicht, nach zusätzlichen Produktinformationen zu suchen, am höchsten.

Die in den Hypothesen H9 bis H15 postulierten Zusammenhänge zwischen wahrgenommener Ambivalenz, antizipiertem Bedauern, Unbehagen, Entscheidungszwang und Informationssuche sind in *Abbildung 6* grafisch dargestellt. Mithilfe der im Folgenden dargestellten Methoden der Varianzanalyse sowie der Kausalanalyse erfolgt die empirische Überprüfung des aufgestellten Untersuchungsmodells in *Kapitel 4*.

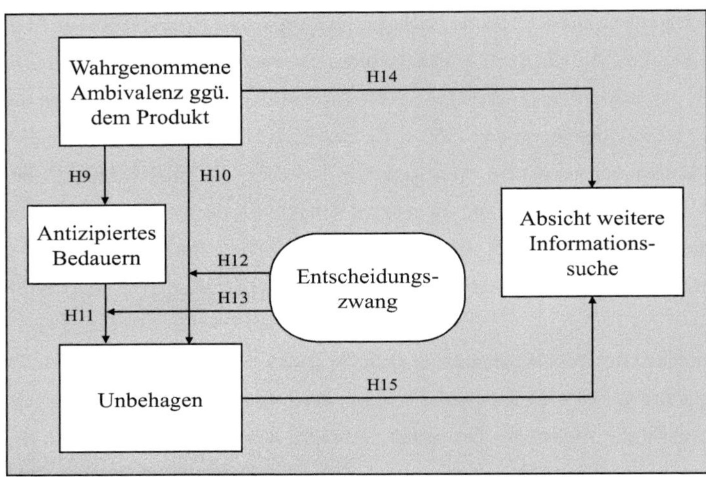

Abbildung 6: Grafische Darstellung der Hypothesen H9 bis H15[30]

[30] Eigene Abbildung.

4 Empirische Überprüfung des Untersuchungsmodells zur Wirkung von Ambivalenz

4.1 Begründung und Erläuterung der Analysemethode der Varianzanalyse sowie der Analysemethode der Kausalanalyse

Für die Marktforschung bieten sich eine Vielzahl statistischer Analysemethoden an. Hierbei kann abhängig von den in der Analyse berücksichtigten Variablen zwischen uni-, bi- sowie multivariaten Verfahren unterschieden werden (Homburg et al., 2008, S. 154). Im Gegensatz zu bi- und multivariaten Verfahren, welche die Zusammenhänge zweier oder mehrerer Variablen betrachten, untersuchen univariate Analyseverfahren ausschließlich eine Variable. In der Marktforschung ist jedoch die Analyse basierend auf einer einzigen Variablen nicht erfolgversprechend. Häufig ist daher die Berücksichtigung einer Vielzahl von Variablen notwendig. Daher eignen sich bi- und multivariate Verfahren in besonderem Maße, um die Beziehungen zwischen zwei oder mehreren Variablen zu untersuchen. Aufgrund der steigenden Komplexität im Marketing, ist aber besonders der Einsatz multivariater Analysemethoden vielversprechend (Nieschlag et al., 2002, S. 470).

In diesem Zusammenhang kann unterschieden werden zwischen sog. strukturprüfenden[31] und strukturentdeckenden[32] Verfahren. Strukturprüfende oder auch konfirmatorische Verfahren betrachten die Zusammenhänge zwischen mehreren Variablen. Hierbei besitzt der Forscher aufgrund sachlogischer und theoretischer Überlegungen, bereits eine Vermutung über die kausalen Wirkungsbeziehungen zwischen Variablen und prüft diese Beziehungen mithilfe einer multivariaten Analysemethode (Backhaus et al., 2011, S. 13; Homburg et al., 2008, S. 155). Mögliche Verfahren sind bspw. die lineare sowie nichtlineare Regressionsanalyse, die Varianzanalyse oder die Diskriminanzanalyse (Nieschlag et al., 2002, S. 477). Strukturentdeckende oder auch exploratorische Verfahren haben hingegen zum Ziel, Zusammenhänge zwischen mehreren Variablen zu entdecken. Dies bedeutet, dass der Forscher im Vorhinein noch keine Vorstellung über die Wirkungsbeziehungen zwischen betrachteten Variablen hat. Strukturentdeckende Verfahren sind bspw. die Faktorenanalyse oder die Clusteranalyse (Backhaus et al., 2011, S. 14;

---

[31] Strukturprüfende Verfahren werden auch als Dependenzanalysen bezeichnet, da die Abhängigkeiten der Variablen untersucht werden. Für die Analyse werden die vorhandenen Variablen in abhängige und unabhängige Variablen eingeteilt (Nieschlag et al., 2002, S. 477).

[32] Strukturentdeckende Verfahren werden auch als Interdependenzanalysen bezeichnet, da die wechselseitigen Beziehungen der Variablen untersucht werden. Es erfolgt keine Aufteilung der Variablenmenge (Nieschlag et al., 2002, S. 477).

Homburg et al., 2008, S. 155). Die Wahl der passenden Analysemethode hängt somit maßgeblich von der spezifischen Fragestellung der Untersuchung sowie dem Forschungsziel ab (Homburg et al., 2008, S. 171). Im Folgenden wird zunächst auf das Verfahren der Varianzanalyse und anschließend auf das Verfahren der Kausalanalyse eingegangen. Darüber hinaus findet die Wahl dieser beiden Analyseverfahren für die vorliegende Untersuchung Begründung.

Mithilfe der Varianzanalyse können Ursache-Wirkungsbeziehungen zwischen einer oder mehreren abhängigen und einer oder mehreren unabhängigen Variablen untersucht werden. Hierbei betrachtet die Varianzanalyse sowohl die Varianz zwischen den Untersuchungsgruppen als auch die Varianz innerhalb der Untersuchungsgruppen und analysiert dementsprechend, inwieweit sich die Gruppen signifikant voneinander unterscheiden. Ziel ist damit zu ergründen, ob sich mögliche Gruppenunterschiede auf den Einfluss der unabhängigen Variablen zurückführen lassen, wobei die Bildung der Untersuchungsgruppen auf den Ausprägungen der unabhängigen Variablen basiert (Nieschlag et al., 2002, S. 491). Liegt ausschließlich eine abhängige Variable vor, so spricht man von einer univariaten Varianzanalyse.[33] Dagegen handelt es sich bei einer Analyse mit mehreren abhängigen Variablen um eine multivariate Varianzanalyse.[34]

Darüber hinaus lässt sich die Varianzanalyse hinsichtlich ihrer unabhängigen Variablen differenzieren. Diese werden auch als Faktoren, ihre Ausprägungen als Faktorstufen bezeichnet. Hierbei versteht sich unter einer Varianzanalyse mit einer unabhängigen Variablen eine einfaktorielle und unter einer Varianzanalyse mit mehreren unabhängigen Variablen eine mehrfaktorielle Varianzanalyse (Backhaus et al., 2011, S. 159; Nieschlag et al., 2002, S. 490 f.).[35] Eine Besonderheit der Varianzanalyse sind die zulässigen Skalierungen der Variablen. So ist für unabhängige Variablen ein beliebiges Skalenniveau zulässig, abhängige Variablen müssen jedoch mindestens intervallskaliert sein (Nieschlag et al., 2002, S. 491). Darüber hinaus kennzeichnet sich die Varianzanalyse durch die Besonderheit der Überprüfung der Einflusses nicht nur einzelner, sondern auch kombinierter Faktoren auf mögliche abhängige Variablen sowie durch die

---

[33] Eine univariate Varianzanalyse wird auch als ANOVA (engl.: Analysis of Variance) bezeichnet (Herrmann & Landwehr, 2008, S. 581).

[34] Eine multivariate Varianzanalyse wird auch als MANOVA (engl.: Multivariate Analysis of Variance) bezeichnet (Herrmann & Landwehr, 2008, S. 581).

[35] Gibt es neben den kategorialen Einflussfaktoren darüber hinaus Variablen, welche metrisch skaliert sind und im Modell als potenzielle Störgrößen berücksichtigt werden (sog. Kovariablen), spricht man vom Analyseverfahren der Kovarianzanalyse (ANCOVA (engl.: Analysis of Covariance) bzw. MANCOVA (engl.: Multivariate Analysis of Covariance)) (Herrmann & Seilheimer, 2000, S. 268).

Möglichkeit des Vergleichs mehrerer Gruppen und die Vielzahl möglicher Versuchsanordnungen aus (Herrmann & Landwehr, 2008, S. 581; Nieschlag et al., 2002, S. 491 f.).

Ähnlich der Regressionsanalyse unterstellt die Varianzanalyse einen kausalen Zusammenhang zwischen den betrachteten Variablen (Herrmann & Landwehr, 2008, S. 581). Hierbei folgt sie dem Grundprinzip der Zerlegung der Gesamtvariation der abhängigen Variablen und vergleicht gleichzeitig mehrere Mittelwerte miteinander (Nieschlag et al., 2002, S. 492; Rasch et al., 2010, S. 4 f.). Im Folgenden wird exemplarisch das grundsätzliche Vorgehen bei einer einfaktoriellen, univariaten Varianzanalyse beschrieben. Auf Basis vorher postulierter Hypothesen findet zunächst eine Einteilung die Gesamtstichprobe anhand des betrachteten Faktors und dessen Faktorstufen in Untersuchungsgruppen statt, für welche anschließend der Gruppenmittelwert der abhängigen Variablen gebildet wird. Hierbei ist von Interesse, ob sich die Gruppenunterschiede signifikant voneinander unterscheiden oder ob die Unterschiede zufallsbedingt sind. Zur Prüfung wird daher der Gesamtmittelwert der betrachteten abhängigen Variablen über alle Beobachtungen gebildet. Dabei wird die Abweichung jedes Beobachtungswertes eines Probanden von dem Gesamtmittelwert in eine erklärte und eine nicht-erklärte Abweichung zerlegt. Die erklärte Abweichung ergibt sich in diesem Fall aus der Differenz zwischen Gruppenmittelwert und Gesamtmittelwert, wohingegen sich die nicht-erklärte oder auch zufällige Abweichung aus der Differenz vom Beobachtungswert zum jeweiligen Gruppenmittelwert ergibt. Durch Summieren der jeweiligen quadrierten Abweichungen über alle Probanden erhält man die Gesamtabweichung, welche sich aus der erklärten und der nicht-erklärten Gesamtabweichung zusammensetzt. Es folgt die Bildung der mittleren quadratischen Abweichungen, um die Varianz zu erhalten, welche unabhängig von der Größe der Stichprobe ist. Die statistische Unabhängigkeit wird anschließend mittels F-Test überprüft. Der empirische F-Wert ergibt sich dabei aus dem Verhältnis der Varianz der erklärten Abweichung zur Varianz der nicht-erklärten Abweichung. Dieser wird mit dem kritischen tabellarischen F-Wert eines zuvor festgelegten Signifikanzniveaus verglichen. Falls der empirische F-Wert größer ist als der theoretische F-Wert, kann die Nullhypothese verworfen werden. Dies bedeutet, dass ein signifikanter Einfluss der unabhängigen Variablen vorliegt und die Gruppenunterschiede damit nicht auf den Zufall zurückzuführen sind (Backhaus et al., 2011, S. 161 ff.; Herrmann & Seilheimer, 2000, S. 271 ff.).

Im Marketing ist die Varianzanalyse das wichtigste Verfahren zur Auswertung von Experimenten (Backhaus et al., 2011, S. 158). Hierbei stellen die nominalskalierten Einflussfaktoren die experimentellen Manipulationen dar (Backhaus et al., 2011, S. 16). Meist wird die Varianzanalyse zur Untersuchung des Einflusses absatzpolitischer Maßnahmen auf marktbezogene Erfolgsgrößen eingesetzt (Nieschlag et al., 2002, S. 491). Sie eignet sich besonders für die Marktforschung, da mittels Varianzanalyse eine Erhebung der unabhängigen Variablen auf einem nichtmetrischen Skalenniveau möglich ist (Herrmann & Seilheimer, 2000, S. 267).

Die in *Kapitel 3* postulierten Ursache-Wirkungs-Zusammenhänge erfahren mit Hilfe eines Strukturgleichungsmodells eine Überprüfung. Hierbei wird ebenfalls zwischen unabhängigen und abhängigen Variablen unterschieden. In der Terminologie der Berechnung der Parameter von Strukturgleichungsmodellen bezeichnet man die abhängigen Variablen als endogene Variablen, da sie durch die anderen Variablen im Modell erklärt werden, während man bei den unabhängigen von exogenen Variablen spricht (Backhaus et al., 2011, S. 518). Da eine zeitliche Abfolge zwischen Ursache und nachgelagerter Wirkung besteht, werden die Ursache-Wirkungsbeziehungen als Kausalitäten verstanden (Weiber & Mühlhaus, 2014, S. 9). Die Analysemethode begründet sich mit der komplexen Struktur des zu überprüfenden Modells. Es existieren mehrere zu erklärende Variablen, die auch untereinander kausale Zusammenhänge aufweisen (Backhaus et al., 2011, S. 517). Darüber hinaus bietet die Analysemethode die Möglichkeit, moderierende Effekte auf die Beziehungen zwischen den exogenen und endogenen Variablen zu untersuchen. Liegt ein Strukturgleichungsmodell mit sog. latenten, d.h. nicht direkt messbaren Variablen vor, so bietet die Kausalanalyse die Möglichkeit, die kausalen Abhängigkeiten zwischen diesen zu betrachten. Dabei ist die Kausalanalyse „diejenige multivariate Methode, die die empirisch betriebswirtschaftliche Forschung in den letzten 20 Jahren am stärksten geprägt hat“ (Homburg & Klarmann, 2006, S. 727). Das Kausalanalyseverfahren ermöglicht somit die Überprüfung, ob sich die zuvor aufgestellten Hypothesen durch die gewonnenen Daten bestätigen lassen. Aufgrund dessen wird das vorliegende Strukturgleichungsmodell mittels einer Kausalanalyse empirisch überprüft.[36]

[36] Ein Strukturgleichungsmodell unterteilt sich somit in ein Strukturmodell, welches die hypothetischen Beziehungen betrachtet, sowie in ein Messmodell, welches die Beziehungen zwischen den Indikatorvariablen und den dazugehörigen latenten Variablen betrachtet (Backhaus et al., 2011, S. 519).

Das im folgenden Kapitel vorgestellte Untersuchungsdesign verdeutlicht die Eignung der Varianzanalyse sowie der Kausalanalyse zur empirischen Überprüfung des postulierten Modells noch einmal.

4.2 Untersuchungsdesign und Untersuchungsobjekt

Zur eingehenden Untersuchung des Phänomens der Ambivalenz gegenüber einem Produkt, wurde die Automobilbranche als Untersuchungsumfeld gewählt. Neben der aktuellen Relevanz dieser Branche sowie der nach wie vor hohen Nachfrage nach Pkws in Deutschland, bietet diese Wahl ein für die Probanden interessantes und bedeutungsvolles Untersuchungsobjekt.[37] Laut einer Studie können sich bspw. nur 14 Prozent der Deutschen ein Leben ohne Auto vorstellen (KÜS, 2015). Insbesondere bei Betrachtung der hohen Wettbewerbsintensität sowie der Vielzahl an Automobilanbietern auf dem deutschen Markt ist es von Interesse, ein tiefergehendes Verständnis für das Auswahlverhalten von Automobilkäufern zu erhalten. Die feste Verankerung der Automobilindustrie in Deutschland zeigt sich u.a. auch an den sehr hohen Absatzzahlen von Pkws deutscher Hersteller.[38] Auch im Hinblick auf aktuelle Trends im Automobilbereich wie bspw. die steigende Nutzung von Carsharing-Konzepten oder Erschütterungen des Automobilstandortes Deutschland (bspw. durch die Finanzkrise von General Motors oder den Abgasskandal von Volkswagen) ist diese Branche als Untersuchungsumfeld von aktuellem Interesse. Da sich die Mehrzahl der Deutschen vor einem Autokauf im Internet informiert, kann die damit einhergehende potenzielle Informationsflut die Entstehung konsumentenseitiger Ambivalenz begünstigen (Statista, 2015c).

Zur Einordnung der für einen Autokauf relevanten Entscheidungskriterien entsprechend ihrer wahrgenommenen Wichtigkeit für potenziellen Konsumenten, wurden in einem ersten Pretest 25 Probanden gebeten, insgesamt 13 Entscheidungskriterien auf einer siebenstufigen Likert-Skala zu bewerten.[39] Hierbei erzielte die Sicherheit des Fahrzeuges mit einem Wert von im Durchschnitt 6,56 die höchste Wichtigkeit und die Marke bzw. der Hersteller des Fahrzeuges mit einem Wert von im Durchschnitt 4,4 die niedrigste Wichtigkeit. Für die vorliegende Untersuchung sind jedoch besonders jene vier Entscheidungskriterien von Interesse, welche sich in

[37] Am 1. Januar 2015 wurden rund 44,4 Millionen Autos in Deutschland verzeichnet (Statista, 2015b).

[38] Im Jahr 2015 kennzeichnete sich der Pkw-Bestand durch einen Anteil von mehr als 65 Prozent deutscher Marken (KBA, 2015a).

[39] Die Entscheidungskriterien wurden angelehnt an die Testkriterien des ADAC (2014), des „Auto Tests" der Auto Bild (2015b) sowie des Tests der Auto Motor und Sport (2015) gewählt.

ihrer Wichtigkeit am stärksten ähneln. Mit einer Differenz von 0,16 erzielten die folgenden vier Kriterien mit absteigender Wichtigkeit die ähnlichsten Werte: Kraftstoffverbrauch, Innenraum, Komfort, Fahrdynamik. Da der Kraftstoffverbrauch im Rahmen dieser Untersuchung jedoch nur schwierig dargestellt werden kann bzw. in der Bewertung leicht zu Missverständnissen führen kann, wurde alternativ die Kategorie der Umweltfreundlichkeit gewählt. Die vier gewählten Kriterien sind sich mit einer Differenz von 0,24 in der Wichtigkeit sehr ähnlich. Die genauen Ergebnisse sind in der folgenden *Tabelle 1* dargestellt.

Eigenschaft	Wichtigkeit
Design/Aussehen	6,2
Fahreigenschaften/-dynamik	5,32
Innenraum/-ausstattung	5,44
Kaufpreis	6,04
Komfort	5,44
Kraftstoffverbrauch	5,48
Marke/Hersteller	4,40
Motor/Antrieb	4,72
Platz/Raumangebot	4,64
Preis-/Leistungsverhältnis	5,84
Qualität/Zuverlässigkeit	6,36
Sicherheit	6,56
Umweltfreundlichkeit	5,20
Median	5,44
Mittelwert	5,51

Tabelle 1: Ergebnisse des ersten Pretests[40]

Eine Statistik aus dem Jahr 2013 zeigt, dass sich 63 Prozent der Befragten vor einem Neuwagenkauf im Internet informieren. 30 Prozent informieren sich darüber hinaus mithilfe von Testberichten (DAT, 2014, S. 28). Weiterhin halten 85 Prozent der befragten Personen einer weiteren Studie, Tests in Automagazinen für die zuverlässigste Informationsquelle vor einem Autokauf (Statista, 2015c). Zur Visualisierung des Untersuchungsgegenstandes dient daher ein Pkw-Einzeltest einer Fachzeitschrift für Autos, wobei die Bewertung des Fahrzeuges anhand der im ersten Pretest ermittelten Kategorien erfolgte.

[40] Eigene Tabelle.

Mithilfe eines zweiten Pretest wurden die Einflussfaktoren der Valenz sowie der Konsistenz der Produktinformationen bestimmt. Hierfür erhielten 22 Probanden zunächst vier unterschiedliche Pkw-Einzelbewertungen, welche unterschiedliche Beurteilungen der ermittelten Kategorien beinhalteten. Die Bewertung der Kategorien erfolgte anhand einer Notenskala, wobei Werte von Sehr gut (1,0) bis Mangelhaft (5,5) möglich waren. Zur Abbildung einer vermeintlich positiv konsistente Bewertung sowie dreier inkonsistenter Bewertungen wurden die vergebenen Noten entsprechend angepasst.[41] Anschließend beurteilten die Probanden die Konsistenz der Bewertungen einzeln.[42] Die Auswertung des Pretests zeigt, dass die Differenz des Durchschnitts der höchsten sowie der niedrigsten Konsistenz 3,27 beträgt. Somit lässt sich annehmen, dass die gebildeten Einzeltests geeignet sind, um die Wahrnehmung unterschiedlich konsistenter Bewertungen bei den Probanden hervorzurufen. Die positiv konsistente Bewertung erhielt hierbei die höchste durchschnittliche Bewertung von 5,74, während sich für die als am inkonsistentesten wahrgenommene Bewertung ein durchschnittlicher Wert von 2,47 ergab.

Ferner wurde im zweiten Pretest die affektive Komponente der Valenz der Produktinformationen näher untersucht, wobei ihre Abfrage unabhängig vom ersten Teil des Pretests erfolgte. Anstelle von Pkw-Einzeltests erhielten die Probanden vier unterschiedliche, kurze Leserbewertungen eines Fahrzeuges. Die Formulierung dieser Leserbewertungen erfolgte im Einklang mit originalen Kommentaren von Nutzern der Homepage der Auto Bild (2015). Hierbei wurden zwei positive sowie zwei negative Bewertungen formuliert, wobei jeweils ein Aspekt der Leserbewertung gegensätzlich formuliert war. In diesem Kontext beurteilten die Probanden die vier unabhängigen Leserbewertungen anhand ihrer Valenz. Da bezüglich der Valenz der Produktinformationen insbesondere der mögliche Einfluss des Negativity Bias (vgl. *Kapitel 2.2.2*) von Interesse ist, fanden die beiden vergleichsweise moderat bewerteten Leserkommentare in der Hauptstudie Verwendung. Die entsprechende positive Leserbewertung weist dabei einen durchschnittlichen Wert von 5,64 auf, während die entsprechende negative Leserbewertung eine durchschnittliche Bewertung von 2,5 erhielt.

---

[41] Jonas et al. (1997, S. 207) konnten zeigen, dass keine signifikanten Unterschiede bezüglich der Stärke der Ambivalenz bei positiv konsistenten oder negativ konsistenten Informationen bestehen. Daher erfolgte im Rahmen dieser Studie eine Beschränkung auf positiv konsistente Informationen.

[42] Es wurde eine Skala von Roehm und Roehm (2011) verwendet, welche insgesamt aus drei Items besteht und die Konsistenz bzw. Kongruenz abfragt. Sie weist ein Cronbachs Alpha von 0,84 auf. Die Abfrage erfolgte auf einer siebenstufigen Likert-Skala.

Auf Grundlage der in *Kapitel 3* vorgestellten Hypothesen ergeben sich somit die beiden Einflussfaktoren der Konsistenz sowie der Valenz der Produktinformationen sowie die moderierende Variable des Entscheidungszwangs. Der Faktor der Konsistenz der Produktinformationen verfügt über die beiden Faktorstufen „(positiv) konsistent" sowie „inkonsistent", während sich der Faktor der Valenz in „positiver" oder „negativer" unterteilt. Darüber hinaus wird auch die Moderatorvariable des Entscheidungszwangs ex ante manipuliert und weist die möglichen Ausprägungen „Entscheidungszwang" und „kein Entscheidungszwang" auf.[43] Aufgrund der beiden Faktoren mit je zwei Faktorstufen sowie der moderierenden Variablen mit ebenfalls zwei Ausprägungen ergeben sich insgesamt acht unterschiedliche Experimentalszenarien. Damit handelt es sich um ein 2x2x2 Between-Subject-Design. Dies bedeutet, dass jeder Proband genau einem Experimentalszenario zufällig zugeordnet wird (Koschate, 2002, S. 127). Die für die empirische Analyse benötigten Daten stammen aus einer Onlineumfrage, welche mit der Online-Software SoSci Survey (Leiner, 2014) erstellt wurde.

Auf der ersten Seite des Fragebogens erfolgte der Hinweis, dass gleich ein Pkw-Einzeltest der Autofachzeitschrift Auto Bild zu sehen sei.[44] Auch wurde betont, dass ein Kompaktwagen im Folgenden von zwei unterschiedlichen Parteien bewertet würde.[45] Die Bewertung der Auto Bild-Redaktion mittels Notenskala repräsentierte hierbei den Einflussfaktor der Konsistenz, während die Valenz durch die zugehörige Leserbewertung Berücksichtigung fand. Somit waren vier unterschiedliche Einzeltest-Ausschnitte möglich, welche sich jeweils aus der Bewertung des Autos durch die Auto Bild-Redaktion und einer Leserbewertung zusammensetzten. Diejenigen Probanden, welche zur Gruppe mit konsistenten Produktinformationen gehörten, erhielten eine ausschließlich positive Bewertung der Auto Bild-Redaktion. Demgegenüber wurde die andere Gruppe (inkonsistente Produktinformationen) mit einer gemischten Bewertung, bestehend aus zwei positiv und zwei negativ benoteten Pkw-Kategorien, konfrontiert. Bezüglich der Valenz der Produktinformationen unterschieden sich die Szenarien dahingehend, dass die Bewertung der Auto Bild-Redaktion entweder durch einen überwiegend positiv formulierten oder

[43] Die moderierende Variable des Entscheidungszwangs wurde nicht im Pretest überprüft, da die beiden Ausprägungen der Variablen auf Grundlage einer Studie von van Harreveld et al. (2009a, S. 168) konzeptioniert wurden.

[44] Die Auto Bild wurde als Autofachzeitschrift gewählt, da diese 2015 nach der ADAC Motorwelt (was eine Mitgliederzeitschrift ist) die höchste Reichweite aller Autofachzeitschriften erzielen konnte (Media Impact, 2015).

[45] Begründet wird die Entscheidung für diese Fahrzeugkategorie mit dem stärksten Anteil der Kompaktklasse bei Neuzulassungen in Deutschland im ersten Halbjahr 2015 (KBA, 2015b).

durch einen überwiegend negativ formulierten Leserkommentar begleitet wurde. Im Anschluss an den jeweiligen Stimulus erfolgte unmittelbar die Abfrage der wahrgenommenen Ambivalenz der Probanden, wobei auch der Erfolg der Manipulation mittels zweier Fragen Überprüfung fand. Im Anschluss wurden die Probanden gebeten sich vorzustellen, dass sie das vorher beschriebene Fahrzeug einem Freund weiterempfehlen könnten. Diesbezüglich wurden das antizipierte Bedauern und die Weiterempfehlungsabsicht ermittelt, wobei letztere zur Manipulation des Entscheidungszwangs diente. Probanden, welche Teil der Gruppe mit Entscheidungszwang waren, konnten auf die Frage zur Weiterempfehlungsabsicht ausschließlich zwischen den beiden Extrema „Ja" und „Nein" wählen. Demgegenüber konnte Probanden, welche Teil der Gruppe ohne Entscheidungszwang waren, ihre Weiterempfehlungsabsicht anhand einer siebenstufigen Likert-Skala ohne Zwang zu einer eindeutigen Aussage, angeben. Ferner beantworteten die Teilnehmer der Studie Fragen zu ihrem Unbehagen, ihrer Absicht der Informationssuche, der Glaubwürdigkeit der Informationsquelle sowie ihrem Konsistenzstreben. Abschließend wurden alle Probanden gebeten, demographische Merkmale anzugeben. Der Fragebogen war vom 8. Oktober bis zum 30. November 2015 über einen Zeitraum von 54 Tagen online verfügbar. Die Akquise der Probanden erfolgte über die sozialen Netzwerke Facebook und Xing sowie über das Posten des Fragebogens in diversen Internetforen und den Versand von E-Mails und resultierte in 320 verwertbaren Datensätzen. Die statistische Auswertung der erhobenen Daten erfolgte im Anschluss mit der Software IBM SPSS Statistics (IBM Corporation, 2015) sowie mit der Software SmartPLS (Ringle et al., 2005).

4.3 Ergebnisse der empirischen Untersuchung zur Wirkung von Ambivalenz

4.3.1 Deskriptive Statistik

Die Zuteilung der Probanden zu den insgesamt acht Experimentalgruppen erfolgte zufällig. Diesbezüglich fällt bei Betrachtung der Kreuztabelle der unabhängigen Variablen der Valenz und Konsistenz auf, dass die Zuordnung nicht gleichmäßig erfolgte. Die größte der vier Gruppen umfasst 90, die kleinste Gruppe hingegen nur 59 Probanden. Im Sinne einer Normalverteilung sollte das Verhältnis der größten zur kleinsten Gruppe jedoch maximal einen Wert von 1,5 aufweisen (Stevens, 2009, S. 218). Dementsprechend wurden zwei Probanden zufällig aus der am stärksten besetzten Gruppe eliminiert. Die Häufigkeitsverteilung der demografischen Merkmale ist *Tabelle 2* zu entnehmen.

Geschlecht	absolut	prozentual
Weiblich	200	62,90
Männlich	118	37,10
Alter	**absolut**	**prozentual**
Unter 21 Jahre	11	3,45
21 bis 30 Jahre	237	74,52
31 bis 40 Jahre	40	12,58
41 bis 50 Jahre	11	3,46
51 und älter	19	5,99
Formale Bildung	**absolut**	**prozentual**
Noch Schüler	4	1,26
Volks- oder Hauptschulabschluss	2	0,63
Mittlere Reife, Realschul- oder gleichwertiger Abschluss	9	2,83
Abgeschlossene Lehre	9	2,83
Fachabitur, Fachhochschulreife	27	8,49
Abitur, Hochschulreife	93	29,24
Fachhochschul-/Hochschulabschluss	173	54,40
Anderer Abschluss	1	0,31
Beschäftigung	**absolut**	**prozentual**
Schüler/in	5	1,57
In Ausbildung	1	0,31
Student/in	200	62,89
Angestellte/r	78	24,53
Beamte/r	8	2,52
Selbstständig	12	3,77
Rentner/in	2	0,63
Sonstiges	12	3,78
Einkommen	**absolut**	**prozentual**
Ich habe kein eigenes Einkommen.	33	10,38
Weniger als 250 Euro	5	1,57
250 Euro bis unter 500 Euro	49	15,41
500 Euro bis unter 1.000 Euro	85	26,73
1.000 Euro bis unter 1.500 Euro	39	12,26
1.500 Euro bis unter 2.000 Euro	20	6,29
2.000 Euro bis unter 2.500 Euro	30	9,43
2.500 Euro bis unter 3.000 Euro	12	3,77
3.000 Euro und mehr	23	7,23
Ich möchte darauf nicht antworten.	22	6,93

Tabelle 2: Häufigkeiten der demographischen Merkmale[46]

[46] Eigene Tabelle.

Im Durchschnitt benötigten die Probanden für die vollständige Bearbeitung des Fragebogens 5 Minuten und 28 Sekunden. Mit einem Anteil von knapp 63 Prozent dominieren Frauen die vorliegende Stichprobe deutlich. Weiterhin macht die Altersgruppe zwischen 21 und 30 Jahren mit 74,5 Prozent den größten Anteil aus. Das Durchschnittsalter liegt bei 29 Jahren, die Spannweite des Alters erstreckt sich von 18 bis 68 Jahren. Den Großteil der Stichprobe machen mit knapp 63 Prozent Studenten aus, gefolgt von Personen, welche sich momentan in einem Angestelltenverhältnis befinden (24,5 Prozent). Mit 54,4 Prozent hat die Mehrheit der befragten Personen einen Hochschul- oder Fachhochschulabschluss, weitere 29,2 Prozent gaben als höchsten Bildungsabschluss das Abitur an. Darüber hinaus stehen mehr als der Hälfte der Probanden (54,1 Prozent) monatlich weniger als 1000 Euro netto zur Verfügung. Mehr als ein Viertel (28 Prozent) gab ein monatliches Nettoeinkommen zwischen 1000 und 3000 Euro an. Eine aktuelle Studie des Marktforschungsinstituts Innofact (Handelsblatt, 2015) zeigt, dass fast zwei von drei Autokäufern maximal 20 Jahre alt sind, wenn sie ihr erstes Auto kaufen. Weitere 26 Prozent sind zwischen 21 und 25 Jahre alt und nur jeder Zehnte ist älter beim Kauf seines ersten Fahrzeuges. Daraus lässt sich schließen, dass das Thema Autokauf für junge Menschen Relevanz besitzt. Daher eignen sich die erhobenen Daten trotz junger Stichprobe gut für das vorliegende Untersuchungsdesign.

4.3.2 Prüfung der Reliabilität der Operationalisierung

Bei den Elementen des vorliegenden Modells handelt es sich um komplexe hypothetische Konstrukte, welche nicht direkt messbar sind. Die aus den in *Kapitel 3* hergeleiteten Hypothesen hervorgehenden Variablen der wahrgenommenen Ambivalenz, des antizipierten Bedauerns, des Unbehagens und der Informationssuche sowie der Glaubwürdigkeit der Informationsquelle, des Konsistenzstrebens und des Involvements stellen sog. latente Konstrukte dar. Diese latenten Variablen sind nicht direkt beobachtbar und müssen mithilfe einer geeigneten Operationalisierung indirekt messbar gemacht werden. Daher dienen abgeleitete Größen, sog. Indikatoren, als Definition der hypothetischen Konstrukte. Diese Indikatoren stellen beobachtbare und direkt messbare Größen dar. Mithilfe von unterschiedlichen Items, welche Teil eines Messinstrumentes wie bspw. einer Skala sind, können die Indikatorvariablen erfasst werden. Ein Item stellt in diesem Zusammenhang folglich bspw. eine Frage oder eine Aussage auf einer Skala dar, mit deren Hilfe ein Konstrukt gemessen wird (Nieschlag et al., 2002, S. 395 f.). So stellt das Item „Ich wünsche mir, dass das Verhalten meiner engen Freunde vorhersagbar ist.“ bspw. einen

Indikator zur Messung des Konstrukts Konsistenzstreben dar. Zur Beurteilung der Güte der Indikatorvariablen ist insbesondere die Reliabilität, d.h. die Zuverlässigkeit, einer Skala von Interesse. Hierbei sollten sich die Indikatorvariablen eines latenten Konstruktes durch eine hohe Korrelation auszeichnen, wobei angenommen wird, dass die latente Variable diese Korrelationen verursacht. Die hohe Korrelation liegt darin begründet, dass alle Indikatoren einer latenten Variablen ein und dasselbe Phänomen messen (Backhaus et al., 2011, S. 519 f.; Nieschlag et al., 2002, S. 428). Darüber hinaus findet bei der folgenden Reliabilitätsprüfung neben der inhaltlichen Eignung der Skalen insbesondere das Reliabilitätsmaß Cronbachs Alpha Beachtung. Je höher der Wert des Cronbachs Alpha, desto besser eignet sich die betrachtete Skala für die Operationalisierung des jeweiligen Konstruktes. Zur Operationalisierung der interessierenden Konstrukte finden verschiedene, in der Literatur bereits erprobte Skalen Verwendung.

Zur Prüfung der Reliabilität wird jedes Konstrukt mit seinen dazugehörigen Indikatoren separat betrachtet. Cronbachs Alpha gibt hierbei Aufschluss über die Reliabilität der gesamten Skala, wohingegen sich anhand der Indikatorreliabilität beurteilen lässt, ob das Weglassen einzelner Items zu einer Verbesserung der Reliabilität der Skala führt. Ein Item sollte aus dem Datensatz entfernt werden, wenn dessen Eliminierung zu einer deutlich verbesserten Gesamtreliabilität führt (Huber et al., 2004, S. 42; Nieschlag et al., 2002, S. 429). Darüber hinaus wird zur Prüfung der Skalen die sog. korrigierte Item-Skala-Korrelation herangezogen, welche angibt wie stark ein Item mit der Summe aller übrigen Items korreliert (Churchill, 1979, S. 68 f.).[47] Hierbei deuten hohe Korrelationen auf eine hohe Konvergenzvalidität hin. Geringe Werte der Item-Skala-Korrelation lassen hingegen vermuten, dass das betrachtete Item nicht das gleiche Konstrukt wie die übrigen Items misst. Bei einem Korrelationswert kleiner 0,3 empfiehlt sich die Eliminierung des jeweiligen Items, um die Reliabilität der Konstruktmessung zu steigern (Field, 2013, S. 713; Huber et al., 2014, S. 42). Bei der Eliminierung von Items wird sequentiell vorgegangen, d.h. es wird jeweils das schwächste Item aus der Skala entfernt und anschließend folgt eine erneute Reliabilitätsprüfung. Im Folgenden wird das entfernte Item als irrelevant betrachtet und ist somit für den weiteren Verlauf der empirischen Untersuchung nicht mehr von Bedeutung (Huber et al., 2014, S. 51 f.). Falls Indikatoren einer Skala invers formuliert sind,

[47] Die Item-Skala-Korrelation kann Werte zwischen 0 und 1 annehmen (Churchill, 1979, S. 68 f.).

müssen die Werte des entsprechenden Indikators vor der Reliabilitätsprüfung umcodiert werden.[48] Es folgt die Beschreibung der zum Einsatz kommenden Skalen sowie deren Reliabilitätsprüfung.

Um die wahrgenommene Ambivalenz gegenüber einem Produkt (AM) zu operationalisieren, wurde auf eine Studie von *Chang* (2011) zurückgegriffen. Im Rahmen dieser Studie untersuchte *Chang* (2011) Faktoren, welche die ambivalente Einstellung von Konsumenten zu „grünen" Produkten und die ambivalente Einstellung zum Kauf „grüner" Produkte beeinflussen. Mithilfe der verwendeten Skala fand also Überprüfung, inwieweit die Probanden gemischte Gefühle bezüglich ökologisch nachhaltiger Konsumgüter empfinden. Aufgrund der inhaltlichen Ähnlichkeit der Studie sowie einem erreichten Cronbachs Alpha von 0,920 fand die in *Tabelle 3* dargestellte Skala Eingang in das vorliegende Buch. Die Reliabilitätsprüfung bestätigt ihre Zuverlässigkeit, da die Skala der wahrgenommenen Ambivalenz mit ihren insgesamt fünf Items ein Cronbachs Alpha von 0,918 erzielt.

AM01	Ich habe starke gemischte Gefühle sowohl für als auch gegen das Fahrzeug.
AM02	Ich fühle mich hin- und hergerissen zwischen den positiven und negativen Eigenschaften des Fahrzeugs.
AM03	Ich empfinde eine Konfliktsituation, wenn ich an das Fahrzeug denke.
AM04	Ich fühle mich unentschlossen bezüglich des Autos.
AM05	Ich habe eine ambivalente Haltung gegenüber dem Fahrzeug.

Tabelle 3: Operationalisierung der Variable Ambivalenz gegenüber dem Produkt[49]

Zur Operationalisierung des antizipierten Bedauerns (AB) fand eine Skala von *Suwelack et al.* (2011) Verwendung. Diese beschäftigen sich in ihrer Studie mit der Wertschätzung der Geld-zurück-Garantie und deren Einfluss auf das antizipierte Bedauern von Konsumenten. Hierbei nutzten *Suwelack et al.* (2011) die Skala, um zu messen, in welchem Ausmaß eine Person glaubt, dass sie das Treffen einer zukünftigen Entscheidung bedauern wird (wie bspw. den Kauf eines Produktes). Wegen des inhaltlichen Kontextes der Studie sowie einem Cronbachs Alpha zwischen 0,959 und 0,966 wird die Skala übernommen. *Tabelle 4* zeigt die verwendete Skala. Die Reliabilitätsprüfung der Operationalisierung des antizipierten Bedauerns folgt allerdings erst in *Kapitel 4.3.6*.

---

48 Gegensätzlich formulierte Indikatoren werden in der Regel mit einem (r) gekennzeichnet.

49 Eigene Tabelle.

AB01	Wenn ich das Auto einem Freund weiterempfehlen würde, könnte ich dies bereuen.
AB02	Ich bereue es möglicherweise später, das Auto einem Freund weiterempfohlen zu haben.
AB03	Es ist gut möglich, dass ich die Entscheidung, das Fahrzeug einem Freund zu empfehlen, später bedauern werde.

Tabelle 4: Operationalisierung der Variable antizipiertes Bedauern[50]

Die Operationalisierung des Konstruktes Unbehagen (UB) und damit die Abfrage der Stärke des emotionalen und/oder mentalen inneren Unruhezustands basiert auf den Erkenntnissen aus zwei unterschiedlichen Studien. *Williams und Aaker* (2002) entwickelten eine Skala zur Messung des Unbehagens bezüglich Werbeanzeigen. *Mukhopadhyay und Johar* (2007) nutzten diese Skala ebenfalls, um die durch das Betrachten einer Werbeanzeige ausgelösten Gefühle zu messen. Beide Studien bringen die Skala unmittelbar mit dem Erleben gemischter Gefühle in Verbindung. Die Skala von *Williams und Aaker* (2002) erzielte ein Cronbachs Alpha von maximal 0,870, wohingegen das Cronbachs Alpha in der Studie von *Mukhopadhyay und Johar* (2007) einen Wert von 0,760 annahm. Aufgrund der starken inhaltlichen Ähnlichkeit der Studien sowie den akzeptablen Werten von Cronbachs Alpha, fand die Skala Eingang in die durchgeführte Studie. Bei der Formulierung der Items erfolgte eine Orientierung an *Mukhopadhyay und Johar* (2007), die Aussagen wurden jedoch dahingehend verändert, dass die Abfrage auf einer siebenstufigen Likert-Skala möglich war. Die angepasste Skala ist *Tabelle 5* zu entnehmen.

UB01	Denke ich an meine Weiterempfehlungsabsicht des Fahrzeugs, fühle ich mich unwohl.
UB02	Denke ich an meine Weiterempfehlungsabsicht des Fahrzeugs, empfinde ich eine innere Anspannung.
UB03	Denke ich an meine Weiterempfehlungsabsicht des Fahrzeugs, fühle ich mich verwirrt.

Tabelle 5: Operationalisierung der Variable Unbehagen[51]

Bei der Reliabilitätsprüfung der Indikatoren zur Messung des Unbehagens ergibt sich ein Cronbachs Alpha von 0,802, welches nur knapp über dem akzeptablen Wert von 0,8 liegt. Da die Eliminierung des Indikators UB03 eine Erhöhung von Cronbachs Alpha auf 0,827 verspricht,

[50] Eigene Tabelle.
[51] Eigene Tabelle.

wird der entsprechende Indikator aus der Skala entfernt. Obwohl die Skala zur Operationalisierung des Unbehagens somit nur aus zwei Indikatoren besteht, begründet sich die Eliminierung dennoch mit der inhaltlichen Unterschiedlichkeit des dritten Items im Vergleich zu den ersten beiden Items

Die Operationalisierung der moderierenden Variablen der Glaubwürdigkeit der Informationsquelle setzt sich aus zwei separaten Skalen zusammen.[52] Zunächst wird die Operationalisierung der Glaubwürdigkeit der Informationsquelle in Bezug auf deren Expertise (GQE) betrachtet. Hierzu findet eine Skala von *Ohanian* (1990) Verwendung, welche das Ausmaß der Glaubwürdigkeit bezogen auf die wahrgenommenen Fähigkeiten und das wahrgenommene Wissen einer Quelle bezieht. *Ohanian* (1990) misst hierbei die Glaubwürdigkeit von berühmten Endorsern als Informationsquelle, wobei ein Cronbachs Alpha von maximal 0,892 die Reliabilität der Skala bestätigt. Aufgrund der inhaltlichen Eignung der Skala und deren häufiger Verwendung in der Literatur eignet sich die Skala für die vorliegende Studie. Allerdings wurden die bipolar abgefragten Attribute zu eindeutigen Aussagen umformuliert, um die Abfrage auf einer siebenstufigen Likert-Skala zu ermöglichen. Die vollständige Skala ist *Tabelle 6* zu entnehmen. Bezüglich ihrer Reliabilität ergibt sich zuerst ein Cronbachs Alpha von 0,877. Das Cronbachs Alpha kann jedoch durch die Eliminierung des Indikators GQE04 auf einen Wert von 0,894 gesteigert werden.

GQE01	Die Auto Bild ist ein exzellenter Kenner der Materie.
GQE02	Die Auto Bild-Redaktion weist ein hohes Maß an Erfahrung auf.
GQE03	Das Fachwissen der Auto Bild ist umfassend.
GQE04	Die fachliche Qualifikation der Auto Bild-Redaktion ist unzureichend. (r)
GQE05	Die Durchführung der Fahrzeugtests zeugt von den besonderen Fähigkeiten der Auto Bild.

Tabelle 6: Operationalisierung der Variable Glaubwürdigkeit der Informationsquelle (Expertise)[53]

Darüber hinaus fand in Bezug auf die Glaubwürdigkeit der Informationsquelle auch deren Vertrauenswürdigkeit (GQV) Berücksichtigung. Diesbezüglich wurde ebenfalls auf eine Skala von

[52] In der Literatur wird meist noch eine dritte Skala verwendet, um die Glaubwürdigkeit der Informationsquelle zu operationalisieren. Diese beschreibt die Attraktivität der Quelle (Ohanian, 1990, S. 47). Da es sich bei dem Untersuchungsobjekt jedoch um eine Zeitschrift und nicht etwa um eine Person im klassischen Sinne handelt, wurde die Skala der Attraktivität in der vorliegenden Analyse nicht berücksichtigt.

[53] Eigene Tabelle.

Ohanian (1990) zurückgegriffen. Der Fokus liegt bei dieser Skala jedoch nicht auf der Expertise, sondern auf der Ehrlichkeit und Aufrichtigkeit der Quelle. Aufgrund des hohen Wertes von 0,896 für Cronbachs Alpha bietet sich diese Skala für die Verwendung in der vorliegenden Studie an, wobei die ursprünglich bipolar abgefragten Attribute ebenfalls in Aussagen umformuliert und auf einer siebenstufigen Likert-Skala abgefragt wurden. *Tabelle 7* zeigt die genutzte Skala. Die Prüfung der Reliabilität der Operationalisierung ergibt ein bereits sehr hohes Cronbachs Alpha von 0,897 bei insgesamt fünf Items. Durch die Eliminierung des invers formulierten Indikators GQV05 lässt sich Cronbachs Alpha jedoch auf einen Wert von 0,933 steigern.

GQV01	Die Urteile der Auto Bild-Redaktion sind verlässlich.
GQV02	Die Auto Bild ist eine ehrliche Zeitschrift.
GQV03	Die Zuverlässigkeit der Testergebnisse der Auto Bild ist sehr gut.
GQV04	Der Gesamtauftritt der Zeitschrift Auto Bild ist sehr seriös.
GQV05	Die Auto Bild ist keine vertrauenswürdige Informationsquelle. (r)

Tabelle 7: Operationalisierung der Variable Glaubwürdigkeit der Informationsquelle (Vertrauenswürdigkeit)[54]

KS01	Es ist mir wichtig, dass die Personen, die mich kennen, vorhersagen können, was ich tun werde.
KS02	Ich möchte von anderen als eine stabile, vorhersehbare Person beschrieben werden.
KS03	Die Existenz von Konsistenz ist ein wichtiger Teil des Bildes, welches ich der Welt von mir zeige.
KS04	Eine wichtige Voraussetzung für jeden meiner Freunde ist persönliche Konsistenz.
KS05	Üblicherweise bevorzuge ich es, Dinge nach der gleichen Art und Weise zu machen.
KS06	Ich wünsche mir, dass das Verhalten meiner engen Freunde vorhersagbar ist.
KS07	Es ist mir wichtig, dass mich andere als eine stabile Person wahrnehmen.
KS08	Ich bemühe mich, in den Augen anderer als konsistent wahrgenommen zu werden.
KS09	Es stört mich nicht besonders, wenn mein Handeln inkonsistent ist. (r)

Tabelle 8: Operationalisierung der Variable Konsistenzstreben[55]

Zur Operationalisierung der moderierenden Variablen des Konsistenzstrebens (KS) wurde eine von *Cialdini et al.* (1995) entwickelte Skala verwendet. Diese setzt sich in ihrer Gesamtheit aus 18 Items zusammen. Die vorliegende Studie greift allerdings auf eine Kurzform dieser Skala

[54] Eigene Tabelle.
[55] Eigene Tabelle.

zurück, welche aus der Hälfte der ursprünglich entwickelten Items besteht. Diese Kurzform konnte ein Cronbachs Alpha von 0,840 erzielen. Die Skala ist *Tabelle 8* zu entnehmen. Bei der Reliabilitätsprüfung erzielt Cronbachs Alpha einen Wert von 0,867. Allerdings wird auch deutlich, dass der Indikator KS09 aufgrund einer sehr geringen korrigierten Item-Skala-Korrelation von 0,185 aus der Skala entfernt werden muss. Cronbachs Alpha nimmt daraufhin einen Wert von 0,889 an.

Für die Operationalisierung der abhängigen Variablen der Informationssuche (IF) findet eine Skala von *Petrova und Cialdini* (2005) Verwendung. Diese baten Probanden, sich das Produkterlebnis bildlich vorzustellen und maßen darauf aufbauend, inwieweit die so erzeugten Reize individuelle Produktpräferenzen determinieren. Trotz des inhaltlich unterschiedlichen Kontextes eignet sich die Skala von *Petrova und Cialdini* (2005) aufgrund ihrer leichten Anpassungsfähigkeit und eines sehr hohen Cronbachs Alpha von 0,940 für die Nutzung in der vorliegenden Studie. Die Indikatoren der ursprünglichen Skala wurden entsprechend umformuliert und sind *Tabelle 8* zu entnehmen. Die Prüfung der Reliabilität der dargestellten Skala erfolgt erst in *Kapitel 4.3.6* im Rahmen der Kausalanalyse.

IF01	Ich würde das Fahrzeug für einen zukünftigen Kauf in Betracht ziehen.
IF02	Ich würde weitere Produktinformationen beim Hersteller des Fahrzeugs bestellen.
IF03	Ich würde im Internet nach weiteren Informationen zu dem Fahrzeug suchen.
IF04	Ich würde das Auto kaufen – gemäß dem Fall, dass ein Autokauf ansteht und ich über das nötige Budget verfüge.

Tabelle 9: Operationalisierung der Variable Informationssuche[56]

Zuletzt findet die Operationalisierung der zusätzlich interessierenden Variablen des Involvements (IN) mit der Produktklasse Berücksichtigung. Hierfür wurde eine Skala von *Moorthy et al.* (1997) verwendet, welche sich in ihrer Studie mit dem Informationssuchverhalten von Konsumenten beschäftigen. Die Skala misst in diesem Zusammenhang das Ausmaß des persönlichen Interesses an einer bestimmten Produktkategorie und fragt ab, inwieweit diese ein Ausdruck des individuellen Lebensstiles ist. Die Itembatterie konnte einen Wert für Cronbachs Alpha von maximal 0,830 erreichen. Bei der Produktkategorie, welche *Moorthy et al.* (1997) untersuchten, handelt es sich um Autos. Daher kann die Skala, welche in *Tabelle 10* dargestellt

[56] Eigene Tabelle.

ist, unverändert übernommen werden. Bei der Prüfung der Reliabilität der Indikatoren zur Messung der Involvements ergibt sich unter Berücksichtigung aller vier abgefragten Indikatoren ein Cronbachs Alpha von 0,801. Durch die Eliminierung des Indikators IN03 steigert sich Cronbachs Alpha jedoch auf 0,890. Dieser bereits sehr gute Wert von Cronbachs Alpha hätte durch die Eliminierung des Indikators IN02 weiter verbessert werden können. Da die Skala jedoch mit drei verwendeten Items bereits vergleichsweise kurz ist, wird dieser Indikator zur Operationalisierung des Involvements beibehalten

IN01	Ich interessiere mich sehr für Autos.
IN02	Ein Auto ist für mich ein wichtiges Statussymbol.
IN03	Ein bestimmtes Fahrzeug kann viel über die Person aussagen, die es besitzt.
IN04	Ich beschäftige mich gerne mit Autos.

Tabelle 10: Operationalisierung der Variable Involvement[57]

Für die Durchführung einer Varianzanalyse ist es notwendig, die Durchschnittswerte aller abhängigen Variablen zu bilden. Berücksichtigung finden ausschließlich diejenigen Indikatorvariablen eines Konstruktes, welche die Reliabilitätsprüfung überstehen. Für die Analyse wird daher für jede abhängige Variable die Summe der als reliabel identifizierten Indikatoren gebildet und anschließend durch die Anzahl der jeweiligen Indikatoren dividiert. Auf Basis dieser Durchschnittswerte ergibt sich somit für jede abhängige Variable eine neue, arithmetisch gemittelte Variable (Huber et al., 2014, S. 52). Im Rahmen der Varianzanalyse sind zunächst nur die abhängigen Variablen der wahrgenommenen Ambivalenz und des Unbehagens von Interesse, wobei die zugehörigen gemittelten Variablen die Bezeichnungen AM_Mittel und UN_Mittel tragen.

4.3.3 Manipulation Check

Vor der Durchführung der Varianzanalyse muss eine Überprüfung der Manipulation der unabhängigen Variablen erfolgen. In der vorliegenden Studie wurden die möglichen Experimentalzustände im Vorhinein manipuliert. Mit Hilfe eines Zufallsmechanismus (Urnenziehung) wird jeder Probanden einer von acht verschiedenen Untersuchungsgruppen zugeordnet. Die Zuteilung erfolgte anhand der Faktorstufen der beiden unabhängigen Variablen der Valenz und Kon-

[57] Eigene Tabelle.

sistenz der Produktinformationen sowie anhand der moderierenden Variablen des Entscheidungszwangs. Demzufolge handelt es sich bei dem vorliegenden Experiment um eine a priori-Manipulation.[58] Daher muss zunächst die Wirkung der Manipulationen eine Überprüfung erfahren. Hierbei soll sich zeigen, ob die unterschiedlichen Faktorstufen der beiden unabhängigen Variablen auch tatsächlich für die erhobenen Werte der abhängigen Variablen verantwortlich sind. Zu diesem Zweck sind passende Skalen in den Fragebogen zu integrieren, mithilfe derer eine Analyse der Manipulationen möglich ist (Backhaus et al., 2011, S. 183; Eschweiler et al., 2007, S. 548 f.). Diese Skalen zur Messung der Wirkungsstärke der Manipulationen werden auch als sog. Checkvariablen bezeichnet (Huber et al., 2014, S. 57). Im Rahmen des Pretests (vgl. Kapitel 4.2) wurde bereits eine Untersuchung zu den unterschiedlichen Faktorstufen der beiden Faktoren der Valenz und der Konsistenz der Produktinformationen durchgeführt. Der Manipulation Check dient nun über den Pretest hinaus als Mittel zur Überprüfung der Qualität der empirischen Analyse (Eschweiler et al., 2007, S. 549).

Die beiden unabhängigen Variablen des vorliegenden Experimentes kennzeichnen sich durch jeweils zwei Faktorstufen. Darüber hinaus wurde jede Untersuchungsgruppe mit genau einem möglichen Experimentalszenario konfrontiert. Somit handelt es sich um ein Between-Subject-Design und damit um eine unabhängige Stichprobe (Huber et al., 2014, S. 60). Daher können die beiden notwendigen Manipulation Checks mithilfe eines t-Tests bei unabhängigen Stichproben durchgeführt werden. Hierbei erfolgt ein Mittelwertvergleich der beiden manipulierten Gruppen eines Faktors, um zu überprüfen, ob signifikante Unterschiede zwischen den Gruppen bestehen und folglich die jeweilige Manipulation geglückt ist (Huber et al., 2014, S. 57).

Für die unabhängige Variable der Valenz der Produktinformationen zeigt der Manipulation Check, dass auf einem 95%-Signifikanzniveau die Manipulation als erfolgreich anzusehen ist. Es lässt sich somit annehmen, dass sich die beiden Untersuchungsgruppen signifikant vonei-

[58] Bei a priori-Manipulation werden bereits vor Durchführung des Experimentes Hypothesen aufgestellt. Diese beschreiben, in welcher Weise die erwarteten Effekte auf die Faktorstufen der unabhängigen Variablen zurückzuführen sind. Bei a posteriori-Manipulationen werden im Vorhinein hingegen keine spezifischen Hypothesen über die zu erwartenden Unterschiede aufgestellt. Dies bedeutet, dass bei a priori-Manipulationen die Gruppenzuteilung vor der Durchführung des Experimentes geschieht, wohingegen bei a posteriori-Manipulationen die Gruppenzuordnung erst anhand der erhobenen Daten im Anschluss an die Durchführung des Experimentes erfolgt (Huber et al., 2014, S. 57; Rudolf & Müller, 2004, S. 108).

nander unterscheiden. Auch der t-Test für die unabhängige Variable der Konsistenz der Produktinformationen lässt darauf schließen, dass die Manipulation der Experimentalzustände auf einem 95%-Signifikanzniveau erfolgreich war. In beiden Fällen liegt ein Signifikanzniveau von 0,000 vor. Für die moderierende Variable des Entscheidungszwangs, welche ausschließlich für die folgende Kausalanalyse von Interesse ist, wurde kein separater Manipulation Check durchgeführt. Dies begründet sich darin, dass eine Manipulation von zwei Umweltzuständen mit gegensätzlichen Faktorstufen vorliegt, deren Unterschied nicht mehr weiter gesteigert werden kann (Huber et al., 2014, S. 62). Darüber hinaus wurde für die Konzeptualisierung dieses Faktors auf eine Studie von van *Harreveld et al.* (2009a, S. 168) zurückgegriffen und die Faktorstufen anhand dieser Studie entwickelt. Die Ergebnisse des Manipulation Checks sind *Tabelle 11* zu entnehmen.

		Varianzen sind gleich	Varianzen sind nicht gleich
Konsistenz	t-Wert	11,068	11,173
	Freiheitsgrade	318	317,999
	Signifikanz (2-seitig)	,000	,000
	Mittelwertdifferenz	1,998	1,998
	Standardfehlerdifferenz	,180	,179
Valenz	t-Wert	14,718	14,690
	Freiheitsgrade	318	301,736
	Signifikanz (2-seitig)	,000	,000
	Mittelwertdifferenz	2,080	2,080
	Standardfehlerdifferenz	,141	,142

Tabelle 11: Manipulation Check[59]

4.3.4 Überprüfung der Prämissen einer Varianzanalyse

Neben der Reliabilitätsprüfung und dem Manipulation Check muss vor der Durchführung einer Varianzanalyse geprüft werden, ob einige statistische Annahmen erfüllt sind. Hierbei finden zunächst die Prämissen zur Durchführung einer ANOVA und anschließend die zusätzlichen Prämissen einer MANOVA sowie einer ANCOVA Berücksichtigung (Eschweiler et al., 2007, S. 549; Huber et al., 2014, S. 63).

[59] Eigene Tabelle.

Da die Ergebnisse einer Varianzanalyse besonders sensitiv gegenüber Ausreißern sind, müssen die Antworten der Probanden auf Plausibilität überprüft werden. In der vorliegenden Studie waren jedoch keine Antworten auf offenen Skalen möglich, da ausschließlich siebenstufige Likert-Skalen Verwendung fanden. Somit sind keine Ausreißer zu extremen oder offensichtlich nicht plausiblen Werten möglich (Eschweiler et al., 2007, S. 549; Huber et al., 2014, S. 64; Rasch et al., 2010, S. 49). Der Vollständigkeit halber wurden die vorliegenden Daten auch bezüglich der Plausibilität der Angaben auf geschlossenen Skalen untersucht.[60] Wie bereits in *Kapitel 4.3.1* erwähnt, zeigen sich dabei keine offensichtlich nicht plausiblen Angaben im Datensatz. Somit ist eine Eliminierung einzelner Probanden nicht nötig.

Darüber hinaus muss die Prämisse der randomisierten Gruppenzuordnung erfüllt sein. Da in der vorliegenden Studie eine zufällige Zuordnung per Urnenziehung zu den einzelnen Experimentalbedingungen stattfand, ist auch diese Voraussetzung zur Durchführung einer Varianzanalyse erfüllt. Die im Vorhinein sichergestellte zufällige Zuordnung zu den Untersuchungsgruppen im Rahmen der Online-Erhebung gewährleistet, dass die Messwerte in allen Bedingungen voneinander unabhängig sind und folglich systematische Fehler minimiert werden (Nieschlag et al., 2002, S. 495; Rasch et al., 2010, S. 49; Rudolf & Müller, 2004, S. 79).

In diesem Zusammenhang ist zudem die Größe der einzelnen Untersuchungsgruppen von Interesse. Hierbei sollte eine Mindestzahl von 20 Probanden pro Gruppe gegeben sein – eine Gruppengröße von 30 Probanden ist jedoch empfehlenswert (Hair et al., 2006, S. 404; Huber et al., 2014, S. 64). Die vorliegende Stichprobe umfasst insgesamt 318 Probanden, verteilt auf acht Experimentalgruppen. Hierbei enthält die größte Gruppe 46 und die kleinste Gruppe 27 Probanden. Der Anspruch an die Mindestgröße der Untersuchungsgruppen ist demzufolge erfüllt.

Bei den beiden zentralen Prämissen der Varianzanalyse handelt es sich jedoch um Normalverteilung sowie Varianzhomogenität. Hierbei ist zu beachten, dass sich die Varianzanalyse gegenüber Verletzungen dieser beiden Voraussetzungen relativ robust verhält – gemäß dem Fall, dass die Stichprobe vergleichsweise groß ist und sich die Probanden in einem ähnlichen Verhältnis auf die Gruppen verteilen (Rasch et al., 2010 S. 49). Hierbei wird in der Literatur ein

[60] Es sei an dieser Stelle darauf hingewiesen, dass die Einschätzung nicht plausibler Angaben stets einem gewissen Maß an Subjektivität unterliegt, welches jedoch nicht behoben werden kann (Eschweiler et al., 2007, S. 549).

Verhältnis von maximal 1,5 zwischen größter und kleinster Gruppe vorgegeben (Stevens, 2009, S. 218). Im Rahmen der Prämissenprüfung der Varianzanalyse finden jedoch nur die vier Experimentalgruppen Betrachtung, welche sich durch die beiden unabhängigen Variablen der Valenz und Konsistenz der Produktinformationen ergeben. Wie bereits in Kapitel 4.3.1 angesprochen, wurden zwei Probanden aus der Stichprobe eliminiert, um das gewünschte Verhältnis zwischen größter und kleinster Gruppe sicherzustellen und damit die Gleichbesetzung der Zellen zu gewährleisten.

Zur Überprüfung der Voraussetzung der zellenweise univariaten Normalverteilung dient der Kolmogorov-Smirnov-Test, wobei für jede der momentan betrachteten vier Untersuchungsgruppen ein separater Test auf Normalverteilung durchgeführt wird. Bei der Mehrzahl der Tests zeigt sich eine Unterschreitung des Signifikanzniveaus von 0,05. Daraus resultiert eine Ablehnung der Nullhypothese, dass Normalverteilung vorliege. Hierbei sei anzumerken, dass jedoch bezüglich der durchgeführten Anpassungstests die Normalverteilungsvoraussetzung bei großen Stichprobenumfängen an Bedeutung verliert (Rudolf & Müller, 2004, S. 80). Aufgrund der zufälligen Gruppenzuordnung und der Größe und Verteilung der Untersuchungsgruppen ist die vorliegende Stichprobe somit vergleichsweise robust und daher relativ unempfindlich gegenüber Verletzungen der Voraussetzung der Normalverteilung. Ferner wird die Verletzung dieser Prämisse über die Gleichbesetzung der Zellen geheilt (Huber et al., 2014, S.63).

Neben der Normalverteilung ist die Varianzhomogenität eine zentrale Prämisse der Varianzanalyse. Varianzhomogenität bedeutet, dass sich nicht kontrollierte Einflussgrößen gleichermaßen auf die abhängigen Variablen auswirken (Eschweiler et al., 2007, S. 550). Diese Voraussetzung kann mit einem entsprechenden Homogenitätstest wie bspw. dem Levene-Test geprüft werden (Rudolf & Müller, 2004, S. 80). Sowohl für die abhängige Variable der wahrgenommenen Ambivalenz als auch für die abhängige Variable des Unbehagens überschreitet das Signifikanzniveau den geforderten Wert von 0,05 deutlich. Damit kann in beiden Fällen die Nullhypothese angenommen und die letzte Prämisse zur Durchführung einer Varianzanalyse als erfüllt angesehen werden.

Die Durchführung einer MANOVA kommt in Frage wenn mehr als eine abhängige Variable gegeben sind und erfordert die Erfüllung weiterer Prämissen. Hierfür wird zunächst die Korrelation zwischen den abhängigen Variablen betrachtet, wobei der Korrelationskoeffizienten Pearson's R^2 Verwendung findet. Eine ausreichende Korrelation zwischen den abhängigen Variablen ist dann als gegeben anzusehen, wenn Pearson's R^2 Werte über 0,6 annimmt (Huber et al., 2014, S. 67). In der vorliegenden Studie zeigt sich jedoch, dass die abhängigen Variablen der wahrgenommenen Ambivalenz und des Unbehagens nicht signifikant miteinander korrelieren und somit kein erwähnenswerter Zusammenhang zwischen ihnen besteht (Eschweiler et al., 2007, S. 549). Daher wird von der Durchführung einer MANOVA abgesehen und stattdessen mittels zweier einzelnen ANOVAs gearbeitet – eine für die abhängige Variable der wahrgenommenen Ambivalenz und eine für die abhängige Variable des Unbehagens.[61]

Letztlich finden die Prämissen zur Durchführung einer ANCOVA Berücksichtigung. Mithilfe dieser wird neben dem Einfluss der beiden nominalskalierten unabhängigen Variablen auch der Einfluss von intervallskalierten Kovariablen auf die abhängigen Variablen untersucht (Rudolf & Müller, 2004, S. 93). Im vorliegenden Experiment dient das Involvement als mögliche Kovariable. Die erste Voraussetzung für die Durchführung einer ANCOVA ist hierbei, dass keine Beeinflussung der Kovariable durch die experimentelle Anordnung gegeben ist. Dies ist in der vorliegenden Studie der Fall, weshalb die Prämisse erfüllt ist. Ferner ist auch die Abfrage der Kovariable auf einem intervallskalierten Datenniveau gegeben, da die Operationalisierung des Involvements mit Hilfe einer siebenstufigen Likert-Skala erfolgte. Schließlich wird die Korrelation der Kovariablen des Involvements mit den beiden abhängigen Variablen der wahrgenommenen Ambivalenz und des Unbehagens betrachtet, da die Kovariable für die Durchführung einer ANCOVA einen störenden Einfluss in der Analyse haben sollte. Hierfür findet erneut Pearson's R^2 Verwendung (Eschweiler et al., 2007, S. 550; Huber et al., 2014, S. 69). Es zeigt sich, dass die Kovariable des Involvements mit keiner der beiden abhängigen Variablen signifikant korreliert, da Pearson's R^2 jeweils Werte kleiner als 0,6 annimmt. Aufgrund der fehlenden Korrelation wird daher auch von der Durchführung einer Kovarianzanalyse abgesehen.[62]

---

[61] Die weiteren Anwendungsvoraussetzungen für die Durchführung einer MANOVA, wie Sicherstellung, dass keine Multikollinearität zwischen den abhängigen Variablen vorliegt sowie das Vorhandensein einer multivariaten Normalverteilung, werden nicht mehr geprüft (Huber et al., 2014, S. 68 f.).

[62] Die weiteren Anwendungsvoraussetzungen für die Durchführung einer ANCOVA, wie die Homogenität der Regressionskoeffizienten sowie die Abwesenheit einer Interaktion zwischen Kovariable und Faktor, werden nicht mehr geprüft (Huber et al., 2014, S. 69 ff.).

Aufgrund der erfüllten Prämissen zur Durchführung einer ANOVA wird im Folgenden für jede der beiden abhängigen Variablen eine separate ANOVA durchgeführt.

4.3.5 Ergebnisse der Varianzanalyse

Für die beiden abhängigen Variablen der wahrgenommenen Ambivalenz sowie des Unbehagens werden zwei separate ANOVAs durchgeführt und anhand der Analyseergebnisse die in *Kapitel 3* aufgestellten Hypothesen überprüft. Die moderierenden Variablen des Konsistenzstrebens sowie der Glaubwürdigkeit der Informationsquelle werden hierbei wie Faktoren behandelt. Für direkte Effekte liegt das kritische Signifikanzniveau bei fünf Prozent, während bei Interaktionseffekten eine Irrtumswahrscheinlichkeit von 25 Prozent akzeptabel ist. Werte mit einer höheren Irrtumswahrscheinlichkeit führen zu einer Ablehnung der postulierten Hypothese. Dies bedeutet, dass der vermutete Effekt als nicht vorhanden betrachtet werden kann. (Huber et al., 2014, S. 74). Zunächst erfolgt die Überprüfung der in den Hypothesen H1, H2, H3, H5 sowie H7 postulierten Einflüsse auf die abhängige Variable der wahrgenommenen Ambivalenz. *Tabelle 12* stellt die Ergebnisse der durchgeführten ANOVA dar.

Hypothese	Faktor	Signifikanz
H1	Valenz der Produktinformationen	,000
H2	Valenz der Produktinformationen * Glaubwürdigkeit der Informationsquelle	,327
H3	Konsistenz der Produktinformationen	,012
H5	Konsistenz der Produktinformationen * Konsistenzstreben	,152
H7	Valenz der Produktinformationen * Konsistenz der Produktinformationen	,011

Tabelle 12: Ergebnisauszug der ANOVA zur abhängigen Variable wahrgenommene Ambivalenz[63]

Den direkten Einfluss der Valenz der Produktinformationen betrachtet Hypothese H1. Hierbei weist das Signifikanzniveau von 0,000 auf signifikante Mittelwertunterschiede zwischen den beiden untersuchten Gruppen hin. Zur Beurteilung der Effektstärke wird die Kennziffer Eta-Quadrat herangezogen.[64] Das Eta-Quadrat von 0,085 lässt dabei darauf schließen, dass ein mitt-

[63] Eigene Tabelle.

[64] Eta-Quadrat gibt den Anteil der Varianz der abhängigen Variablen an, welcher durch die Wirkung des Einflussfaktors erklärt werden kann. Es kann Werte zwischen 0 und 1 annehmen (Rudolf & Müller, 2004, S. 83). Laut Cohen (1988, S. 283 ff.) deutet ein Eta-Quadrat mit einem Wert größer als 0,01 auf einen kleinen Effekt, mit

lerer Effekt für den direkten Effekt der Valenz der Produktinformationen vorliegt. Die Ergebnisse der a-priori-Kontraste bestätigen den signifikanten Einfluss der unabhängigen Variablen der Valenz mit einem Unterschied von -0,431 zwischen Faktorstufe 1 (positiver) und dem Gruppenmittelwert. Die Gruppenmittelwerte verdeutlichen dabei, dass negativere Produktinformationen zu einer höheren wahrgenommenen Ambivalenz führen als positivere Produktinformationen. Obwohl der beschriebene Effekt signifikant ist, kommt es zur Ablehnung von Hypothese H1, da ursprünglich ein positiver Kausalzusammenhang postuliert wurde.

Der in Hypothese H2 unterstellte Zusammenhang zwischen der Valenz der Produktinformationen sowie der Glaubwürdigkeit der Informationsquelle überschreitet bezüglich des Signifikanzniveaus den Schwellenwert von 25 Prozent deutlich. Folglich liegen keine signifikanten Gruppenmittelwertunterschiede vor, was zu der Ablehnung von Hypothese H2 führt.

Zur Beurteilung der Hypothese H3 über den unterstellten direkten Einfluss der Konsistenz der Produktinformationen interessiert zunächst das zugehörige Signifikanzniveau. Der postulierte Effekt kann aufgrund eines Signifikanzniveaus von 0,012 als tatsächlich vorhanden angesehen werden. Über seine Wirkungsrichtung geben die a-priori-Kontraste und der Post-hoc-Test Aufschluss. Die Abweichungskontrastergebnisse zeigen, dass ein signifikanter Einfluss des Faktors Konsistenz besteht, mit einem Unterschied von -0,206 zwischen Faktorstufe 1 (konsistent) und dem Gesamtmittelwert. Ein Vergleich der Mittelwerte zeigt, dass inkonsistente Produktinformationen zu einem höheren Maß an wahrgenommener Ambivalenz führen als konsistente Produktinformationen. Somit kann Hypothese H3 über den direkten Einfluss der Konsistenz der Produktinformationen angenommen werden. Mit einem Wert von 0,021 für das partielle Eta-Quadrat, liegt für den direkten Effekt der Konsistenz der Produktinformationen ein kleiner Effekt vor.

Hypothese H5, welche den Einfluss der Konsistenz der Produktinformationen unter Berücksichtigung der moderierenden Variablen des Konsistenzstrebens beschreibt, weist ein Signifikanzniveau kleiner 0,25 auf. Ein Vergleich der Mittelwerte zeigt, dass bei inkonsistenten Produktinformationen im Vergleich zu konsistenten ein starkes Konsistenzstreben den Einfluss auf

einem Wert größer als 0,059 auf einen mittleren Effekt und mit einem Wert größer als 0,138 auf einen starken Effekt hin.

die wahrgenommene Ambivalenz verstärkt. Daher kann die Hypothese H5 über den moderierenden Einfluss des Konsistenzstrebens angenommen werden.

Der Interaktionseffekt der Einflussfaktoren der Valenz sowie der Konsistenz der Produktinformationen weist ein Signifikanzniveau kleiner 0,05 auf. Der Effekt lässt sich somit nachweisen. Die in *Abbildung 7* dargestellte Analyse verdeutlicht den Zusammenhang zwischen den Einflussfaktoren der Valenz sowie der Konsistenz der Produktinformationen. Hierbei lässt sich eine ordinale Wechselwirkung beobachten. Im vorliegenden Fall weisen beide Linienzüge einen steigenden Trend auf. Somit sind beide Haupteffekte eindeutig interpretierbar (Bortz, 2005, S. 301).

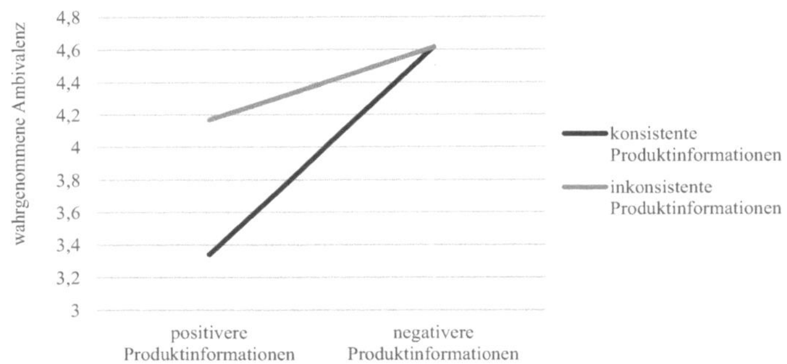

Abbildung 7: Ordinaler Interaktionseffekt Valenz der Produktinformationen * Konsistenz der Produktinformationen[65]

Die Unterschiede der Gruppenmittelwerte lassen ferner darauf schließen, dass konsistente und positivere Produktinformationen zur schwächsten wahrgenommenen Ambivalenz führen. Diese Gruppenunterschiede sind signifikant voneinander unterschieden. Darüber hinaus zeigt sich, dass negativere Produktinformationen – sei es in Kombination mit konsistenten oder inkonsistenten Produktinformationen – zur stärksten wahrgenommenen Ambivalenz führen. Letztere Beobachtung lässt sich jedoch mittels t-Test nicht verifizieren, da das Signifikanzniveau den Schwellenwert von 0,05 deutlich überschreitet. Die Gruppenunterschiede dieser

[65] Eigene Abbildung.

Merkmalsausprägungen können daher nicht als signifikant voneinander verschieden verstanden werden. Somit wird Hypothese H7a über den Zusammenhang zwischen Valenz und Konsistenz der Produktinformationen angenommen, wohingegen Hypothese H7b abgelehnt werden muss. Ein Eta-Quadrat von 0,021 lässt auf einen kleinen Effekt der Interaktionsbeziehung schließen.

In einer zweiten ANOVA werden die Einflüsse auf die abhängige Variable des Unbehagens untersucht. Hierbei erfolgt eine Betrachtung der in den Hypothesen H4, H6 und H8 postulierten Wirkungsbeziehungen. Die Ergebnisse der durchgeführten ANOVA sind in *Tabelle 13* dargestellt.

Hypothese	Faktor	Signifikanz
H4	Konsistenz der Produktinformationen	,000
H6	Konsistenz der Produktinformationen * Konsistenzstreben	,937
H8	Valenz der Produktinformationen * Konsistenz der Produktinformationen	,002

Tabelle 13: Ergebnisauszug der ANOVA zur abhängigen Variablen Unbehagen[66]

Das Signifikanzniveau von Hypothese H4 über den direkten Effekt der Konsistenz der Produktinformationen ist kleiner als 0,05. Damit kann der Einfluss als vorhanden angesehen werden. Auch die Ergebnisse der Abweichungskontraste zeigen, dass ein signifikanter Einfluss des Faktors Konsistenz besteht und ein Unterschied von -0,0357 zwischen Ausprägungsniveau 1 (konsistent) und dem Gesamtmittelwert besteht. Bei Betrachtung der Gruppenmittelwerte wird deutlich, dass inkonsistente Produktinformationen zu einem höheren Maß an Unbehagen führen als konsistente Produktinformationen. Folglich wird Hypothese H4 über den unterstellten direkten Einfluss der Konsistenz der Produktinformationen auf das Unbehagen angenommen. Zudem weist der Wert von 0,048 für Eta-Quadrat auf einen kleinen Effekt hin.

Hypothese H6, welche den moderierenden Einfluss des Konsistenzstrebens auf die Beziehung zwischen der Konsistenz der Produktinformationen und dem Unbehagen beschreibt, weist mit 0,937 ein Signifikanzniveau auf, welches den Schwellenwert von 0,25 deutlich überschreitet. Dieses Resultat führt zur Ablehnung von Hypothese H6.

[66] Eigene Tabelle.

Die Überprüfung der Interaktionshypothese H8 zeigt hingegen ein Signifikanzniveau, welches deutlich kleiner ist als das Mindestniveau von 0,25. Daher kann der vermutete Effekt als vorhanden angenommen werden. Wie bereits bei der Betrachtung des Zusammenhangs bezüglich der abhängigen Variablen der wahrgenommenen Ambivalenz dient auch hier eine grafische Analyse (vgl. *Abbildung 8*) zur Identifikation der Wirkungsrichtung.

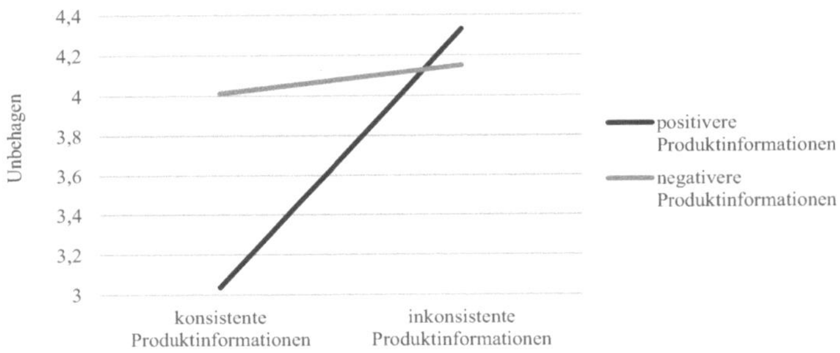

Abbildung 8: Hybrider Interaktionseffekt Valenz der Produktinformationen * Konsistenz der Produktinformationen[67]

Im Fall der abhängigen Variablen des Unbehagens lässt sich jedoch keine ordinale, sondern eine hybride Wechselwirkung beobachten.[68] Das Vorzeichen der Steigungen ist identisch, doch die Graphen kreuzen sich (Rasch et al., 2010, S. 87). Dies bedeutet für den vorliegenden Fall, dass ausschließlich der Haupteffekt der Konsistenz der Produktinformationen eindeutig interpretierbar ist (Bortz, 2005, S. 301). Aufgrund der Gruppenmittelwerte kann gefolgert werden, dass konsistente und positivere Produktinformationen zum schwächsten Unbehagen führen. Darüber hinaus lässt sich basierend auf den Mittelwerten vermuten, dass inkonsistente und positivere Informationen das stärkste Unbehagen zur Folge haben. Da jedoch nur der Haupteffekt der Konsistenz der Produktinformationen interpretierbar ist, lässt sich lediglich festhalten, dass bei dem Vorhandensein konsistenter Produktinformationen negativere Produktinformationen zu einem deutlich höheren Grad an Unbehagen führen als positivere Produktinformationen. Dies ist darüber hinaus die einzige Beobachtung, welche sich mithilfe des t-Tests verifizieren

[67] Eigene Abbildung.

[68] Rasch et al. (2010, S. 87) bezeichnen diese Form der Wechselwirkung auch als semidisordinale Wechselwirkung. Sie liegt vor, wenn der Effekt der Interaktion kleiner ist als einer der beiden Haupteffekte, aber größer als der zweite (Bortz, 2005, S. 301; Rasch et al., 2010, S. 87).

lässt. Daher kann Hypothese H8b über den vermuteten Interaktionseffekt zwischen Valenz und Konsistenz der Produktinformationen angenommen werden. Hypothese H8a muss hingegen abgelehnt werden. Ein Wert von 0,032 für Eta-Quadrat lässt auf einen kleinen Effekt schließen.

4.3.6 Überprüfung des Kausalmodells auf Messmodellebene

Die Prüfung der in den Hypothesen H9 bis H15 postulierten Zusammenhänge erfolgt mittels Kausalanalyse. Im Rahmen dieser Studie liegt ein Strukturgleichungsmodell mit sog. latenten Variablen vor. Dies bedeutet, dass die Variablen des Modells nicht direkt messbar sind und stattdessen – ähnlich wie bereits bei der Varianzanalyse (vgl. *Kapitel 4.3.2*) – mithilfe geeigneter Indikatorvariablen messbar gemacht werden müssen (Backhaus et al., 2011, S. 518).[69] Aufgrund dessen wird das vorliegende Strukturgleichungsmodell mithilfe einer Kausalanalyse und der Anwendungssoftware SmartPLS (Ringle et al., 2005) empirisch überprüft.[70]

Zunächst erfolgt die Prüfung auf Messmodellebene. Hierzu werden die Reliabilität sowie die Validität des reflektiven Messmodells betrachtet. Es wird geprüft, inwieweit die in *Kapitel 4.3.2* beschriebenen Indikatorvariablen geeignet sind, um die entsprechenden latenten Konstrukte zu beschreiben. Hierbei finden ausschließlich die interessierenden hypothetischen Konstrukte der wahrgenommenen Ambivalenz, des antizipierten Bedauerns, des Unbehagens sowie der Informationssuche Berücksichtigung. Zuerst wird die Indikatorreliabilität mithilfe der Ladungen der Indikatoren auf das zugehörige Konstrukt sowie deren Signifikanz untersucht.[71] Insgesamt werden die Faktorladungen sowie die t-Werte von 15 Indikatoren betrachtet, welche zur Messung der vier genannten Konstrukte dienen. Wie bereits bei der Reliabilitätsprüfung im Rahmen der Varianzanalyse (vgl. *Kapitel 4.3.2*) zeichnet sich auch die Kausalanalyse durch ein sequentielles Vorgehen aus, d.h. es wird in jedem Schritt ausschließlich eine Indikatorvariable aus dem Messmodell eliminiert. Dabei handelt es sich um diejenige Indikatorvariable, welche

[69] Der Vollständigkeit halber sei an dieser Stelle erwähnt, dass im Gegensatz zu reflektiven Messmodellen formative Messmodelle stehen. In diesem Fall würden die Indikatorvariablen die Ausprägungen der jeweiligen latenten Variablen verursachen und damit eine Dimension der latenten Variablen darstellen (Backhaus et al., 2011, S. 528; Huber et al., 2007, S. 5).

[70] Ein Strukturgleichungsmodell unterteilt sich somit in ein Strukturmodell, welches die hypothetischen Beziehungen betrachtet, sowie in ein Messmodell, welches die Beziehungen zwischen den Indikatorvariablen und den dazugehörigen latenten Variablen betrachtet (Backhaus et al., 2011, S. 519).

[71] Die Ladung eines Indikators sollte den Mindestwert von 0,7 überschreiten (Sarkar et al., 2001, S. 365 f.). Darüber hinaus wird die Signifikanz der Ladungen mithilfe des t-Wertes bestimmt. Um auf einem Niveau von fünf Prozent signifikant zu sein, muss der t-Wert eines Indikators den Wert von 1,66 überschreiten (Huber et al., 2007, S. 35).

die kleinste Ladung aufweist. Die Prüfung der Indikatorreliabilität führt zur Eliminierung der zwei Indikatorvariablen IF03 sowie IF02 des Konstruktes der Informationssuche. Darüber hinaus wird der Indikator UB03 zur Messung des Unbehagens eliminiert. Dieser übersteigt die Mindestanforderung an die Faktorladung sowie an den t-Wert zwar knapp, doch seine Eliminierung begründet sich mit der im Rahmen der Varianzanalyse durchgeführten Reliabilitätsprüfung (vgl. *Kapitel 4.3.2*) sowie dem inhaltlichen Unterschied dieses Items. Insgesamt verbleiben somit 12 Indikatoren im Messmodell, welche jeweils eine Faktorladung größer als 0,7 sowie einen t-Wert größer als 1,66 aufweisen.

Als nächstes findet die Prüfung der Konvergenzvalidität der reflektiven Indikatoren statt. Hierfür werden die durchschnittlich je Faktor erfasste Varianz (DEV)[72] sowie die Konstruktreliabilität[73] untersucht. Alle vier betrachteten Konstrukte erfüllen sowohl die Mindestanforderungen an die DEV als auch die Mindestanforderungen an die Konstruktreliabilität. Das Messmodell weist somit eine gute Konvergenzvalidität auf und es muss zu diesem Zeitpunkt kein weiterer Indikator eliminiert werden.

Zur Prüfung des Gütekriteriums der Diskriminanzvalidität werden das Fornell-Larcker-Kriterium sowie die Kreuzladungen herangezogen.[74] Im vorliegenden Fall beträgt die höchste Konstruktkorrelation 0,546. Die quadrierte Konstruktkorrelation von 0,298 liegt damit deutlich unter dem kleinsten DEV von 0,778. Damit ist das Fornell-Larcker-Kriterium für alle reflektiven Konstrukte erfüllt. Darüber hinaus werden die Kreuzladungen dahingehend überprüft, ob die Indikatoren eines Konstruktes stärker auf das zu operationalisierende Konstrukt laden als auf die anderen Konstrukte des Modells (Huber et al., 2007, S. 37). Dies ist für alle vier betrachteten Konstrukte gegeben. Somit kann die Prämisse der Diskriminanzvalidität des Messmodells als erfüllt angesehen werden.

---

[72] Die DEV gibt an, wie viel Prozent der Streuung der latenten Variablen durchschnittlich über die Indikatorvariablen erklärt wird (Weiber & Mühlhaus, 2014, S. 151). Laut Fornell und Larcker (1981, S. 45) sollte der Wert der DEV mindestens größer als 0,5 sein. Im Idealfall überschreitet die DEV einen Wert von 0,8.

[73] Die Konstruktreliabilität dient als Maß zur Beurteilung der Eignung eines Faktors zur Erklärung seiner jeweiligen reflektiven Indikatorvariablen (Huber et al., 2007, S. 88 f.). Die Konstruktreliabilität sollte einen Wert von 0,7 überschreiten (Huber et al., 2007, S. 88 f.).

[74] Gemäß des Fornell-Larcker-Kriteriums liegt Diskriminanzvalidität vor, wenn die gemeinsame Varianz zwischen der latenten Variablen und ihren Indikatorvariablen größer ist als die quadrierte Korrelation dieser latenten Variablen mit einer anderen latenten Variablen (Fornell & Larcker, 1981, S. 46).

Als letzter Schritt der Güteprüfung des Messmodells findet die Vorhersagevalidität Berücksichtigung. Hierzu wird bei reflektiven Messmodellen Stone-Geissers Q^2 zur Bewertung herangezogen, welches erklärt, wie gut eine latente Variable durch ihre Indikatorvariablen rekonstruierbar ist. Das kritische Mindestniveau beträgt hierbei Null (Huber et al., 2007, S. 91). Mit einem Wert von 0,47 weist die latente Variable der Informationssuche den geringsten Wert für Stone-Geissers Q^2 auf. Somit sind die geforderten Prämissen erfüllt und dem reflektiven Messmodell kann eine geeignete Vorhersagevalidität zugesprochen werden. Eine Übersicht der Messungen der Konvergenz-, Diskriminanz- sowie Vorhersagevalidität findet sich in der folgenden *Tabelle 14.*

Konstrukt	Konvergenzvalidität		Diskriminanzvalidität		Vorhersagevalidität
	DEV	Konstrukt-reliabilität	Fornell-Larcker-Kriterium	Kreuzladung < Faktorladung	Q^2
AM	0,7547	0,9389	erfüllt	erfüllt	0,6228
AB	0,8938	0,9619	erfüllt	erfüllt	0,7329
IF	0,8541	0,9213	erfüllt	erfüllt	0,4722
UN	0,8515	0,9198	erfüllt	erfüllt	0,4667

Tabelle 14: Prüfung der Konvergenz-, Diskriminanz- und Vorhersagevalidität[75]

4.3.7 Überprüfung des Kausalmodells auf Strukturmodellebene

Nach Überprüfung des postulierten Kausalmodells auf Messmodellebene folgt die Schätzung und Güteprüfung auf Strukturmodellebene. Zunächst erfolgt die Betrachtung der in *Kapitel 3* aufgestellten Hypothesen in Bezug auf ihre Gültigkeit für die gegebene Datengrundlage. Auf diesem Wege kann darüber geurteilt werden, ob die hergeleiteten Hypothesen abzulehnen oder anzunehmen sind. Hierbei stehen zunächst die Hypothesen H9 bis H11 sowie die Hypothesen H14 und H15 im Mittelpunkt. Ausschlaggeben für die Hypothesenprüfung sind die t-Werte der Pfade. Diese sollten bei einem Signifikanzniveau von fünf Prozent größer als 1,98 und bei einem Signifikanzniveau von zehn Prozent größer als 1,66 sein, damit die dazugehörige Hypothese aufrechterhalten werden kann. Ein Wert unterhalb des Mindestniveaus von 1,66 führt hingegen zur Ablehnung der entsprechenden Hypothese (Huber et al., 2007, S. 104).

[75] Eigene Tabelle.

Bezüglich des vorliegenden Strukturmodells weisen alle fünf Hypothesen einen t-Wert auf, welcher mindestens größer als 1,66 ist. Die Hypothesen werden weiterhin dahingehend überprüft, ob die Pfadkoeffizienten einen Wert von 0,1 überschreiten und ob diese das in der Hypothese vermutete Vorzeichen aufweisen (d.h. ob ein positiver oder negativer Einfluss der unabhängigen auf die abhängige Variable besteht) (Huber et al., 2007, S. 104). Basierend auf den Ergebnissen dieser Untersuchung erfolgt die Annahme der Hypothesen H9 bis H11 auf einem 5%-Signifikanzniveau. Demgegenüber muss Hypothese H14 abgelehnt werden, da ein negativer Effekt vorliegt, obwohl ein positiver Effekt vermutet wurde. Darüber hinaus wird der Mindestwert des Pfadkoeffizienten von 0,1 nur knapp erreicht. Der Pfadkoeffizient zu Hypothese H15 hingegen lässt vermuten, dass mit steigendem Unbehagen die Absicht der Informationssuche abnimmt. Eine Übersicht über die Pfadkoeffizienten und zugehörigen t-Wert gibt die folgende *Abbildung 9.*

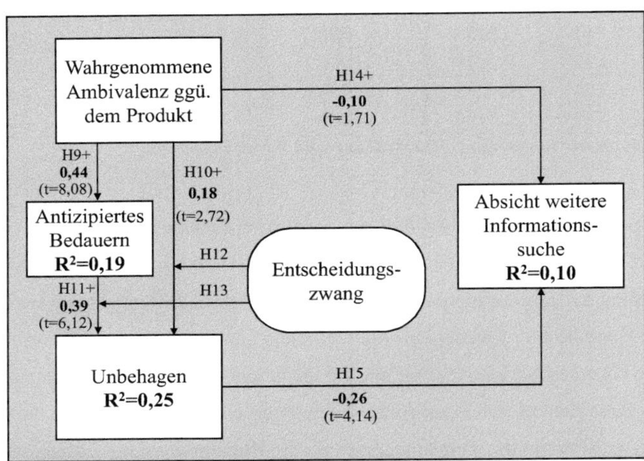

Abbildung 9: Strukturmodell mit Pfadkoeffizienten und t-Werten[76]

Zur detaillierten Überprüfung von Hypothese H15 wird ferner die Stichprobe mithilfe des Medians in drei Gruppen eingeteilt, welche sich entweder durch niedriges, moderates oder starkes Unbehagen auszeichnen. Anschließend erfolgen drei separate Hypothesenprüfungen. Es zeigt

[76] Eigene Abbildung.

sich, dass alle Hypothesen auf einem Signifikanzniveau von 10 Prozent signifikant sind. Allerdings weist ausschließlich die Gruppe, welche sich durch niedriges Unbehagen kennzeichnet, einen positiven Pfadkoeffizienten auf. Daher muss Hypothese H15 abgelehnt werden. Die genauen Ergebnisse finden sich in der folgenden *Tabelle 15*.

Hypothese H15	Pfadkoeffizient	Durchschnittswert	Standardfehler	t-Wert
Niedriges Unbehagen (n = 78)	0,1967	0,2123	0,1168	1,6841
Moderates Unbehagen (n = 164)	-0,3255	-0,3297	0,0812	4,0098
Starkes Unbehagen (n = 78)	-0,3696	-0,3718	0,0828	4,4654

Tabelle 15: Prüfung von Hypothese H15[77]

An die Hypothesenprüfung schließt sich die Güteprüfung des Strukturmodells an. Hierfür wird zuerst mithilfe des Bestimmtheitsmaßes R^2 die Erklärungsgüte des Modells beurteilt.[78] Von Interesse ist hierbei, inwieweit eine endogene Variable durch die im Modell vorgelagerten Variablen Erklärung findet. Hierbei liegt das Mindestniveau für R^2 bei 25 Prozent (Huber et al., 2007, S. 107). Die Analyse zeigt, dass die endogene Variable des antizipierten Bedauerns zu 19,22 Prozent von der exogenen Variablen der wahrgenommenen Ambivalenz erklärt wird. Die Variable der Informationssuche erklärt sich hingegen nur zu 9,66 Prozent aus den beiden Variablen der wahrgenommenen Ambivalenz und des Unbehagens. Die endogene Variable des Unbehagens wird zu 24,69 Prozent von den Variablen der wahrgenommenen Ambivalenz sowie des antizipierten Bedauerns erklärt. Alle drei Werte können demnach die Anforderungen an das Bestimmtheitsmaß nicht erfüllen. Dies bedeutet, dass weitere Konstrukte existieren, welche durch das Untersuchungsmodell keine Berücksichtigung erfahren, jedoch das nachgelagerte Konstrukt beeinflussen (Huber et al., 2007, S. 108).

Die Prüfung der Vorhersagevalidität mithilfe Stone-Geissers Q^2 zeigt jedoch, dass alle drei endogenen Variablen den Schwellenwert von Null überschreiten. Damit weisen die Variablen

[77] Eigene Tabelle.

[78] Der Determinationskoeffizient R^2 misst den Anteil der Varianz der endogenen Variablen, welcher durch seine Einflussgrößen erklärt werden kann (Gefen et al., 2000, S. 72).

dennoch eine Prognoserelevanz auf und es kann von einer hinreichenden Erklärungsgüte des Modells ausgegangen werden. Die genauen Werte finden sich in *Tabelle 16.*

Endogene Variable	R^2	Q^2
AB	0,1922	0,1671
IF	0,0966	0,0712
UN	0,2469	0,2020

Tabelle 16: Erklärte Varianz und Vorhersagevalidität des Strukturmodells[79]

Als letztes findet zur Güteprüfung auf Strukturmodellebene das Vorliegen von Multikollinearität mithilfe einzelner Regressionsanalysen Berücksichtigung.[80] Hierbei werden ausschließlich jene endogenen Variablen betrachtet, welche durch zwei oder mehr latente Größen determiniert sind. Dabei interessiert, ob die beeinflussenden exogenen Variablen einer endogenen Variablen miteinander korrelieren. Grundsätzlich gilt es, das Phänomen der Multikollinearität zu vermeiden (Huber et al., 2007, S. 108). In der vorliegenden Untersuchung werden demnach die Einflussgrößen der Konstrukte des Unbehagens sowie der Informationssuche betrachtet, wobei insgesamt vier lineare Regressionsanalysen durchgeführt werden. Für jedes Konstrukt dient jede exogene Variable einmal als abhängige Variable. Anschließend erfolgt mithilfe des korrigierten Bestimmtheitsmaßes R^2 die Berechnung des sog. Varianzinflationsfaktors (VIF). Dieser sollte den kritischen Wert von fünf nicht überschreiten. Die Untersuchung zeigt, dass keine der vier exogenen Variablen den VIF-Wert von 5 überschreitet (vgl. *Tabelle 17*).

Zielkonstrukt	Regressand	korrigiertes R^2	VIF
Unbehagen	Ambivalenz	0,190	1,2346
	Antizipiertes Bedauern	0,190	1,2346
Informations-suche	Ambivalenz	0,121	1,1377
	Unbehagen	0,121	1,1377

Tabelle 17: Ergebnisse der Prüfung der Multikollinearität auf Strukturmodellebene[81]

[79] Eigene Tabelle.

[80] Mit zunehmender Multikollinearität vergrößern sich die Varianzen der Regressionskoeffizienten um den VIF (Belsley et al., 2004, S. 93). Demnach nimmt mit zunehmender Multikollinearität die Genauigkeit der Schätzwerte ab (Backhaus et al., 2011, S. 95).

[81] Eigene Tabelle.

Im Folgenden wird zusätzlich die Beziehung zwischen wahrgenommener Ambivalenz, antizipiertem Bedauern und Unbehagen betrachtet. Von Interesse ist hierbei, ob ein durch das Konstrukt des antizipierten Bedauerns vermittelter Mediatoreffekt vorliegt.[82] Auf Grundlage der Pfadkoeffizienten sowie der Standardfehler, welche bereits im Rahmen der Hypothesenprüfung ermittelt wurden, erfolgt der Test eines möglichen Mediatorzusammenhangs mithilfe des z-Tests nach *Sobel* (1982) für das Konstrukt des antizipierten Bedauerns. Dabei sollte der im Rahmen des Sobel-Test berechnete t-Wert den Wert von ±1,96 bei einem Signifikanzniveau von fünf Prozent überschreiten. Mit einem Wert von 4,88 ist dieses Kriterium erfüllt und somit der indirekte Effekt der wahrgenommenen Ambivalenz auf das Unbehagen signifikant. Die genauen Werte können *Tabelle 18* entnommen werden.

Stichprobe	t-Wert	Standardfehler	p-Wert
Gesamte Stichprobe (n = 320)	4,8840	0,0351	0,0000
Mit Entscheidungszwang (n = 164)	2,8403	0,0451	0,0045
Ohne Entscheidungszwang (n = 156)	4,5198	0,0508	0,0000

Tabelle 18: Sobel-Test zur Mediationsprüfung[83]

Mithilfe des sog. VAF-Wertes, welcher Werte zwischen 0 (keine Mediation) und 1 (vollständige Mediation) annehmen kann, wird darüber hinaus das Ausmaß des indirekten Effektes ermittelt (Huber et al., 2007, S. 72).[84] Dieser beträgt bei der vorliegenden Untersuchung 0,49. Somit liegt ein partieller Mediatoreffekt durch die latente Variable des antizipierten Bedauerns vor.

[82] Ein Mediatoreffekt liegt vor, wenn die Beziehung zwischen exogener und endogener Variable durch eine dritte Variable vermittelt wird. Hierbei stellt die Mediatorvariable sowohl eine abhängige Variable (im Verhältnis zur exogenen Variablen) als auch eine unabhängige Variable dar (im Verhältnis zur endogenen Variablen). Der Effekt der exogenen auf die endogene Variable kann hierbei teilweise oder vollständig über die Mediatorvariable vermittelt werden (Baron & Kenny, 1986, S. 1176; Hopwood, 2007, S. 265; Huber et al., 2007, S. 69; Little et al., 2009, S. 210).

[83] Eigene Tabelle.

[84] Der VAF-Wert ergibt sich aus der folgenden Formel: $\text{VAF} = \frac{a \times b}{a \times b + c}$. Hierbei stellt a den Pfadkoeffizienten zwischen exogener Variablen und Mediatorvariablen, b den Pfadkoeffizienten zwischen Mediatorvariablen und endogener Variablen und c den Pfadkoeffizienten zwischen exogener und endogener Variablen dar (Eggert et al., 2005, S. 106).

Letztlich folgt die Untersuchung des in den Hypothesen H12 und H13 postulierten moderierenden Einflusses des Entscheidungszwangs. Wie bereits in *Kapitel 4.2* erwähnt, wurde dieser Moderator ex ante manipuliert. Die Hälfte der Probanden erhielt somit ein Experimentalszenario mit Entscheidungszwang, die andere Hälfte erhielt ein Experimentalszenario ohne Entscheidungszwang. Zur Überprüfung des moderierenden Einflusses, wird eine Mehrgruppenanalyse durchgeführt. Dies bedeutet, dass die Gesamtstichprobe anhand der beiden Ausprägungen des Moderators in zwei Teilstichproben aufgeteilt wird und für jede der beiden Teilstichproben die gleichen Modellschätzungen erfolgen, um anschließend die beiden geschätzten Modelle auf Unterschiede untersuchen zu können (Pfennig, 2009, S. 150).

Sowohl für die Gruppe mit als auch für die Gruppe ohne Entscheidungszwang bestätigt der Sobel-Test erneut das Vorliegen des partiellen Mediatoreffektes (vgl. *Tabelle 18*). Da alle untersuchten Pfade, für welche ein moderierender Einfluss postuliert wurde, signifikant sind, werden die in den Hypothesen H12 und H13 formulierten Gruppenunterschiede mithilfe des Tests nach *Chin* (2000) untersucht. Zum Nachweis eines signifikanten Gruppenunterschiedes sollte der t-Wert dabei das Mindestniveau von 1,66 erreichen (Pfennig, 2009, S. 150). Es zeigt sich, dass sowohl die Gruppenunterschiede bezüglich Hypothese H12 als auch die Gruppenunterschiede bezüglich Hypothese H13 insignifikant sind. Dies führt zur Ablehnung beider Hypothesen. Die genauen Ergebnisse des Chin-Tests können folgender *Tabelle 19* entnommen werden.

Hypothese	Mit Entscheidungszwang (n = 164)		Ohne Entscheidungszwang (n = 156)		Chin-Test
	Pfadkoeffizient	t-Wert	Pfadkoeffizient	t-Wert	t-Wert
H12	0,1780	1,9070	0,1861	2,1858	-0,0641
H13	0,3674	3,9059	0,4207	5,2289	-0,4298

Tabelle 19: Chin-Test zum moderierenden Einfluss der Variable Entscheidungszwang[85]

4.4 Interpretation der Ergebnisse

Im folgenden Kapitel werden die Ergebnisse der empirischen Untersuchung zusammengefasst und interpretiert. *Tabelle 20* stellt eine Übersicht der in *Kapitel 3* theoretisch hergeleiteten und in *Kapitel 4.3.5* sowie Kapitel *4.3.7* empirisch überprüften Hypothesen dar.

[85] Eigene Tabelle.

Hypothese	Postulierter Zusammenhang	Ergebnis
H1	Valenz → wahrgenommene Ambivalenz	verworfen
H2	Glaubwürdigkeit der Informationsquelle→ H1	verworfen
H3	Konsistenz → wahrgenommene Ambivalenz	angenommen
H4	Konsistenz → Unbehagen	angenommen
H5	Konsistenzstreben → H3	angenommen
H6	Konsistenzstreben → H4	verworfen
H7a	Valenz * Konsistenz → wahrgenommene Ambivalenz	angenommen
H7b	Valenz * Konsistenz → wahrgenommene Ambivalenz	verworfen
H8a	Valenz * Konsistenz → Unbehagen	verworfen
H8b	Valenz * Konsistenz → Unbehagen	angenommen
H9	wahrgenommene Ambivalenz → antizipiertes Bedauern	angenommen
H10	wahrgenommene Ambivalenz → Unbehagen	angenommen
H11	antizipiertes Bedauern → Unbehagen	angenommen
H12	Entscheidungszwang → H10	verworfen
H13	Entscheidungszwang → H11	verworfen
H14	wahrgenommene Ambivalenz → Informationssuche	verworfen
H15	Unbehagen → Informationssuche	verworfen

Tabelle 20: Zusammenfassung der Hypothesen und der empirischen Ergebnisse[86]

Von insgesamt 17 Hypothesen wurden acht Hypothesen angenommen, wohingegen die postulierten Zusammenhänge für neun Hypothesen keine Bestätigung fanden.

Die Hypothese H1 über den direkten Einfluss der Valenz der Produktinformationen auf die wahrgenommene Ambivalenz fand keine Bestätigung, obwohl ein signifikanter Einfluss der Valenz auf die Ambivalenz besteht. Die Gruppenmittelwerte weisen jedoch darauf hin, dass negativere Produktinformationen zu einer deutlich stärkeren wahrgenommenen Ambivalenz führen als positivere Produktinformationen. Dies steht im Gegensatz zu der in Hypothese H1 formulierten Wirkungsrichtung. Auffällig ist dabei auch der vergleichsweise hohe Wert für das Eta-Quadrat, welcher für einen Effekt mittlerer Stärke spricht. Hierbei handelt es sich um den höchsten Eta-Quadrat-Wert, welcher bei der Durchführung beider ANOVAs ermittelt werden konnte. Dieses Ergebnis lässt vermuten, dass die Gewichtung positiver und negativer Informationen innerhalb der Leserbewertungen nicht optimal war und die wenigen negativen Informationen im Kontext der vergleichsweise positiven Bewertung keinen Negativity Bias auslösten. Eine mögliche Erklärung für diese Erkenntnisse liefert das sog. Gradual Threshold Model der Ambivalenz von *Priester und Petty* (1996, S. 432). Dieses beschäftigt sich mit Möglichkeiten

[86] Eigene Tabelle.

zur Messung von Ambivalenz, wobei zwischen positiven und negativen Reaktionen gegenüber einem bestimmten Einstellungsobjekt unterschieden wird. Diejenige positive oder negative Reaktion, welche in einem stärkeren Maße vorliegt, wird als dominierende, die verbleibende Reaktion hingegen als kollidierende Reaktion bezeichnet. Hierbei ist Ambivalenz eine negative Funktion des Ausmaßes der dominierenden Reaktion. Dies bedeutet, je größer die Anzahl dominierender Gedanken und Gefühle einer bestimmten Valenz, desto weniger Ambivalenz erfährt die betroffene Person. Darüber hinaus zeigt das Modell, dass die erste kollidierende Reaktion einen stärkeren Anstieg der Ambivalenz erzeugt als folgende kollidierende Reaktionen. Hierbei ist es nicht von Bedeutung, ob die kollidierenden Reaktionen positiv oder negativ sind. Erreicht die Anzahl der kollidierenden Reaktionen einen bestimmten Schwellenwert, so hat die Anzahl der dominierenden Reaktionen keinen Einfluss mehr auf das Erleben von Ambivalenz (Priester & Petty, 1996, S. 446; Priester et al., 2007, S. 11 f.).

Das Gradual Threshold Model gibt Aufschluss darüber, weshalb in der vorliegenden Untersuchung negativere anstatt positivere Informationen ein höheres Maß an Ambivalenz erzeugen. Möglicherweise wurde die jeweils kollidierende Information zwar beachtet, doch war ihr Ausmaß zu gering und unterhalb des Schwellenwertes, um eine Steigerung der Ambivalenz zu erzeugen. Darüber hinaus ist es möglich, dass die Verteilung der jeweils dominierenden und kollidierenden Reaktionen in den Experimentalszenarien nicht ausgeglichen war und eine Verzerrung der Ergebnisse vorliegt.[87] Somit gestaltet sich auch eine Beobachtung der veränderten Gewichtung positiver und negativer Informationen aufgrund eines möglichen Negativity Bias schwierig. Auch ist es denkbar, dass die wahrgenommene Ambivalenz von den Probanden intuitiv stärker mit negativen Gefühlen verknüpft wurde als vermutet und somit die bloße Tatsache des Vorliegens vermehrt negativer Informationen zu einer höheren Ambivalenz führte als das Vorliegen vermehrt positiver Informationen.

Ferner musste Hypothese H2 über den moderierenden Einfluss der Glaubwürdigkeit der Informationsquelle auf die in Hypothese H1 formulierte Wirkungsbeziehung verworfen werden.

[87] Dies zeigt sich auch in den Ergebnissen des zweiten Pretests. Die gewählte positivere Leserbewertung weicht hierbei um 2,14 vom möglichen Skalenmittelpunkt der Valenz ab, wohingegen die gewählte negativere Bewertung lediglich um 1,00 von diesem abweicht. Dies bedeutet, dass die positivere Bewertung im Pretest deutlich stärker positiv aufgefasst wurde, als die negativere Bewertung negativ aufgefasst wurde (vgl. Kapitel 4.2).

Auch eine Betrachtung der Mittelwertunterschiede gibt keinen Aufschluss über mögliche Tendenzen des Zusammenhangs. Anscheinend hat die Glaubwürdigkeit der Informationsquelle keinen Einfluss auf die wahrgenommene Ambivalenz. Aufgrund der aus der Analyse von Hypothese H1 resultierenden Ergebnisse ist die ursprüngliche Herleitung des postulierten Zusammenhangs mithilfe des heuristisch-systematischen Modells hinfällig. Vielmehr lässt sich aufgrund des Untersuchungsdesigns vermuten, dass der Zusammenhang zwischen der Informationsquelle und der Bewertung ihrer Glaubwürdigkeit nicht eindeutig war. Möglicherweise wurde die Glaubwürdigkeit der Informationsquelle nicht unabhängig von dem Experimentalszenario bewertet, sondern durch das jeweilige Szenario beeinflusst. Auch konnten *Fishbein und Ajzen* (1975, zit. nach: Xie et al., 2011, S. 182) zeigen, dass das Ausmaß der Persuasionswirkung durch die Glaubwürdigkeit der Quelle von dem Niveau der jeweiligen Extrema der Informationen abhängt. Demnach spielt die Glaubwürdigkeit der Informationsquelle eine deutlich wichtigere Rolle, wenn die Inhalte einer Nachricht extrem sind. Die in dieser Studie genutzten Leserbewertungen waren jedoch weder sehr positiv noch sehr negativ formuliert. Weiterhin erfolgte keine gleichzeitige Gegenüberstellung sehr positiver und sehr negativer Informationen. Demnach ist anzunehmen, dass gemäß den Ergebnissen der empirischen Analyse die Glaubwürdigkeit der Informationsquelle in der vorliegenden Untersuchung keinen erkennbaren Einfluss auf die wahrgenommene Ambivalenz hat.

Die Hypothesen H3 bis H5 bezüglich des Einflussfaktors der Konsistenz der Produktinformationen fanden hingegen Bestätigung durch die empirische Untersuchung. Der nachgewiesene direkte Einfluss der Konsistenz auf die Ambivalenz (H3) steht in Einklang mit den Ergebnissen von *Jonas et al.* (1997, S. 198). Demnach führen inkonsistente Informationen zu einem höheren Grad an Ambivalenz als konsistente Informationen. Somit konnte im Rahmen dieser Studie Ambivalenz experimentell erzeugt werden, anstatt diese nur deskriptiv zu beobachten. Ebenso wirkt sich die Konsistenz der Produktinformationen auf das Unbehagen aus. Die Bestätigung von Hypothese H4 zeigt, dass konsistente Informationen ein deutlich geringeres Maß an Unbehagen hervorrufen als inkonsistente Informationen. Demnach kommt der Konsistenz der Produktinformationen eine bedeutende Rolle zu. Die Annahme der Hypothese H5 zeigt, dass das Konsistenzstreben einen moderierenden Einfluss auf die Beziehung zwischen Konsistenz und wahrgenommener Ambivalenz ausübt. Hierbei lässt die ordinale Wirkungsrichtung des Interaktionseffekts darauf schließen, dass bei Vorhandensein eines starken Konsistenzstrebens inkonsistente Informationen zu einem deutlich höheren Maß an Ambivalenz führen als konsistente Informationen. Bei einem niedrigen Konsistenzstreben ist dieser Effekt hingegen nicht in dem gleichen Ausmaß vorhanden. Somit liegt ein verstärkender Effekt des Moderators vor. Hypothese H6 über den moderierenden Einfluss des Konsistenzstrebens auf den direkten Effekt der Konsistenz auf das Unbehagen, musste aufgrund mangelnder Signifikanz des Gruppenunterschiedes abgelehnt werden. Eine Betrachtung der Mittelwerte sowie des insignifikanten ordinalen Interaktionseffektes zeigt jedoch, dass der Effekt tendenziell vorhanden ist.

Der in Hypothese H7a postulierte Interaktionseffekt über den abschwächenden gemeinsamen Einfluss konsistenter und positiverer Produktinformationen auf die wahrgenommene Ambivalenz fand Bestätigung durch die Ergebnisse. Bei der Kombination (positiv) konsistenter und positiverer Produktinformationen handelte es sich dementsprechend um das Informationspaar mit der höchsten internen Konsistenz. Dies steht im Einklang mit dem Gradual Threshold Model, welches besagt, dass eine hohe Anzahl an dominierenden Gedanken und Gefühlen einer bestimmten Valenz die wahrgenommene Ambivalenz reduziert (Priester & Petty, 1996, S. 446). Demgegenüber musste Hypothese H7b über den Einfluss (positiv) konsistenter und negativerer Informationen verworfen werden. Stattdessen zeigt sich, dass bei Vorliegen negativerer Informationen die Konsistenz der zusätzlichen Produktinformationen keinen Einfluss auf die wahrgenommene Ambivalenz ausübt. Begründen lässt sich diese Erkenntnis eventuell damit, dass in Situationen, in welchen Affekt und Kognition im Widerspruch stehen, die affektive Komponente einen deutlich stärkeren Einfluss auf die Einstellungsbildung ausübt als die kognitive Komponente (Lavine et al., 1998, S. 398 f.). Hierbei liegt die Vermutung nahe, dass nicht wie ursprünglich angenommen ausschließlich die Kombination (positiv) konsistenter und negativerer Informationen, sondern auch die Kombination inkonsistenter und negativerer Informationen zu einem deutlich empfundenen Widerspruch führt. Erneut geben die Ergebnisse zur Bewertung der (affektiven) Leserkommentare aus dem Pretest Aufschluss. Dabei liegt nahe, dass sich der erwartete Widerspruch bei inkonsistenten und positiveren Informationen nicht beobachten ließ, weil die negativere Bewertung deutlich moderater aufgefasst wurde als die positivere Bewertung.

Weiterhin musste Hypothese H8a über den Einfluss (positiv) konsistenter und negativerer Produktinformationen und deren verstärkende Wirkung auf das Unbehagen verworfen werden. Auch eine Betrachtung der Mittelwerte kann den vermuteten Effekt nicht nachweisen. Da ein disordinaler Interaktionseffekt vorliegt, kann ausschließlich interpretiert werden, dass bei Vorhandensein konsistenter Produktinformationen positivere Produktinformationen zum niedrigsten und negativere Produktinformationen zu einem vergleichsweise höheren Unbehagen führen. Durch die Ergebnisse findet zumindest H8b Bestätigung. In diesem Zusammenhang lässt sich vermuten, dass beim Vorliegen konsistenter Informationen die Valenz der Informationen einen starken Einfluss auf das Unbehagen hat. Liegen hingegen inkonsistente Informationen vor, ist der Grad des Unbehagens vermutlich bereits so hoch, dass eine zusätzliche positivere oder negativere Leserbewertung keinen erheblichen Einfluss auf das Ausmaß des Unbehagens hat. Zur Untermauerung dieser Vermutung kann wieder das Gradual Threshold Model herangezogen werden (Priester & Petty, 1996, S. 446). So zeigt die Analyse der Hypothesen H8a und H8b, dass bei Vorliegen inkonsistenter Informationen bereits ein Schwellenwert des Unbehagens erreicht ist und zusätzliche Informationen unabhängig von deren Valenz somit keinen weiteren Einfluss auf den Grad des Unbehagens ausüben.

Die Hypothesen H9, H10 sowie H11 zur partiellen Mediation des antizipierten Bedauerns im Rahmen der Beziehung zwischen wahrgenommener Ambivalenz und Unbehagen wurden angenommen. Diesbezüglich übt wahrgenommene Ambivalenz sowohl einen direkten positiven Einfluss auf das Unbehagen als auch einen indirekten Einfluss über das antizipierte Bedauern aus. Dies deutet darauf hin, dass sich die mit Ambivalenz verknüpfte allgemeine Unsicherheit und die mentale Auseinandersetzung mit möglichen Zuständen in der Emotion des Bedauerns widerspiegeln. Damit führen kontrafaktische Gedanken (vgl. *Kapitel 3.4.2*) unweigerlich zu einem Gefühl des Verlustes – obwohl nicht zwangsweise eine Entscheidungssituation vorliegen muss (Roese, 1997, S. 142). Die Emotion des antizipierten Bedauerns selbst führt damit zu negativen Gefühlen des Unbehagens. Diese Erkenntnis über die Funktion des antizipierten Bedauerns kann als Bestätigung und Absicherung des gewählten Konstruktes des Unbehagens betrachtet werden.[88]

[88] Dies ist insbesondere deshalb von Interesse, da die Orientierung der Konzeptionierung des Unbehagens anhand einer Studie von van Harreveld et al. (2009a, S. 168) erfolgte. Die Autoren haben das Unbehagen hingegen mithilfe des Hautwiderstandes physisch gemessen.

Die beiden Hypothesen H12 und H13 zum moderierenden Einfluss des Entscheidungszwangs fanden hingegen nach Analyse der gewonnenen Daten keine Bestätigung. Es konnte nicht gezeigt werden, dass das Vorhandensein einer Entscheidungssituation einen signifikanten Einfluss auf die Beziehung zwischen Ambivalenz und Unbehagen oder auf die Beziehung zwischen antizipiertem Bedauern und Unbehagen hat. Zurückführen lässt sich dies auf die Konzeption der Studie. Hierbei wurde der mögliche Einfluss eines Entscheidungszwangs nicht im Vorhinein mittels Pretest abgesichert. Es wurde vielmehr versucht, auf Grundlage der individuellen Weiterempfehlungsabsicht der Probanden eine Entscheidungssituation zu erzeugen, indem eine eindeutige Entscheidung für oder gegen das jeweilige Fahrzeug getroffen werden musste. Dabei ist es durchaus möglich, dass die Probanden an dieser Stelle keinen tatsächlichen Zwang erfuhren. Zusätzlich lässt sich vermuten, dass die in Verbindung mit der Weiterempfehlungsabsicht antizipierten Konsequenzen gering ausfielen, da es sich bei der Teilnahme an einer wissenschaftlichen Studie um ein vergleichsweise unverbindliches und anonymes Ereignis handelt. Dies zeigt sich auch bei einem Vergleich mit der Manipulation des Entscheidungszwangs in der Studie von *van Harreveld et al.* (2009a, S. 168). Hier wurden die Probanden gebeten, sich für das Formulieren eines positiven oder negativen Essays zu entscheiden. Dabei zeigte sich bereits nach Treffen der mentalen Entscheidung und vor Verfassen des Essays ein starker Anstieg des Unbehagens. Dies ist vermutlich darauf zurückzuführen, dass die Probanden das Essay tatsächlich verfassen mussten und folglich eher unsichere Konsequenzen - bspw. in Zusammenhang mit der potentiellen Veröffentlichung des Essays - antizipierten. Demgegenüber übte die Manipulation des Entscheidungszwangs im Rahmen der vorliegenden Untersuchung vermutlich nicht genügend Druck aus, um die empfundene Unsicherheit über die Konsequenzen der eigenen Entscheidung maßgeblich zu erhöhen oder die mit der Entscheidung verbundene kognitive Dissonanz[89] zu beeinflussen (Festinger, 1957, S. 37; Zeelenberg et al., 1998, S. 255).

Auch der in den Hypothesen H14 und H15 postulierte Zusammenhang zwischen der wahrgenommenen Ambivalenz bzw. dem Unbehagen und der Informationssuche musste verworfen werden. Begründen lässt sich dieses Ergebnis eventuell mit der Operationalisierung des Konstruktes der Informationssuche. Hierbei besteht die ursprüngliche Skala aus vier Items, wobei

[89] Festinger (1957, S. 37) führt in diesem Zusammenhang an, dass die Wichtigkeit der Entscheidung einen maßgeblichen Einfluss auf die Stärke der Dissonanz hat.

zwei Items tendenziell die Kaufabsicht und zwei Items die tatsächliche Absicht der Informationssuche abbilden (vgl. *Kapitel 4.3.2*). Im Rahmen der Reliabilitätsprüfung erfolgte jedoch eine Eliminierung jener Items, welche die Informationssuche widerspiegeln (vgl. *Kapitel 4.3.6*). Somit ist im Rahmen dieser Untersuchung keine eindeutige Aussage über den Einfluss auf die Informationssuche möglich. Von Interesse sind jedoch auch die Erkenntnisse zur Kaufabsicht. Hierbei zeigt sich bei Prüfung der Hypothese H14, dass mit zunehmender Ambivalenz die Kaufabsicht abnimmt. Dieser Effekt ist jedoch vergleichsweise gering. Auf Grundlage einer Studie von *Jonas et al.* (1997, S. 206) lässt sich annehmen, dass Ambivalenz mit einer höheren Unsicherheit bezüglich der eigenen Einstellung als Univalenz einhergeht. Die Sicherheit bzw. das Vertrauen in die eigene Einstellung bezüglich eines Einstellungsobjektes wird hingegen in der Literatur häufig als bestimmender Faktor bei der Vorhersage der Kaufabsicht betrachtet (Bennett & Harrell, 1975, S. 110; Howard, 1989, S. 34; Laroche et al., 1996, S. 115). Hierbei wird ein hohes Vertrauen in die eigene Einstellung[90] allgemein mit einer Steigerung der Kaufabsicht in Verbindung gebracht. Somit führt eine Steigerung der Ambivalenz über ein niedrigeres Vertrauen in die eigene Einstellung zu einer Abnahme der Kaufabsicht.

Die Analyse von Hypothese H15 lässt zunächst vermuten, dass eine Steigerung des Unbehagens zu einer Verringerung der Kaufabsicht führt. Da basierend auf der Theorie der kognitiven Dissonanz die Stichprobe jedoch in drei Gruppen mit niedrigem, moderatem und starkem Unbehagen unterteilt wurde, sind die Ergebnisse bezüglich der Kaufabsicht differenziert zu sehen. Hier zeigt sich, dass bei Vorliegen von niedrigem Unbehagen dieses einen positiven Einfluss auf die Kaufabsicht ausübt. Liegt hingegen eine moderate oder starke Form des Unbehagens vor, dann hat dieses eine negative Wirkung auf die Kaufabsicht. Zur Erklärung dient die Theorie der kognitiven Dissonanz (Festinger, 1957, S. 19). So kann eine Minderung vorhandener Dissonanzen (bzw. von Unbehagen) mittels der Anpassung des eigenen Verhaltens bzw. der Verhaltensabsichten erreicht werden. Es ist anzunehmen, dass bei moderatem oder starkem Unbehagen die innere Inkonsistenz hoch genug ist, um in einer abnehmenden Kaufabsicht zu resultieren (Festinger, 1957, S. 126 ff.). Personen mit niedrigem Unbehagen bedürfen der Anpassung der Verhaltensabsicht hingegen nicht und somit wird im Sinne einer Übereinstimmung zwischen Einstellung und Verhalten gehandelt.

---

[90] Howard (1989, S. 34) versteht hier das Vertrauen des Käufers als dessen subjektive Sicherheit bezüglich der Beurteilung der Qualität einer bestimmten Marke.

Dass mehr als die Hälfte der Hypothesen empirisch keine Bestätigung findet, bedeutet nicht zwangsläufig, dass die postulierten Wirkungsbeziehungen in der Realität nicht vorhanden sind. Stattdessen lässt sich annehmen, dass die Ergebnisse der empirischen Untersuchung zumindest teilweise auf das Untersuchungsdesign zurückzuführen sind. Daher erfolgen im anschließenden Kapitel eine Betrachtung möglicher Limitationen der Studie sowie eine Ableitung von Implikationen sowohl für die Marketingforschung als auch für die Marketingpraxis.

4.5 Implikationen für das Marketing

4.5.1 Implikationen für die Marketingforschung

Die in dieser Studie gewonnenen empirischen Erkenntnisse zur Entstehung und zu den möglichen Folgen von Ambivalenz erlauben es, sowohl Implikationen für die Marketingforschung als auch Implikationen für die Marketingpraxis abzuleiten. Da sich die Erforschung des Phänomens der Ambivalenz noch in ihrem Frühstadium befindet, sind weitere Untersuchungen diesbezüglich unabdingbar. Hierbei konnte die vorliegende empirische Untersuchung wichtige Ansätze für zukünftige Forschungsarbeiten aufdecken. Insbesondere konnte belegt werden, unter welchen Bedingungen Ambivalenz entsteht und wann diese als potenziell unangenehm empfunden wird. Im Folgenden werden unter Berücksichtigung der Limitationen der Studie zunächst Möglichkeiten zukünftiger Forschung aufgezeigt.

In Bezug auf die verwendete Datengrundlage, erfüllt der Stichprobenumfang zwar die Mindestanforderungen der Varianz- sowie Kausalanalyse, allerdings kann eine umfangreichere und differenziertere Stichprobe in einer Steigerung der Signifikanz, Aussagekraft und Generalisierbarkeit der Ergebnisse resultieren. Diesbezüglich ist vor allem anzumerken, dass sich die Stichprobe überwiegend aus Studenten sowie aus Frauen zusammensetzt (jeweils 62 Prozent). Besonders die Gruppe der Studierenden zeichnet sich durch einen besonderen sozialen und psychologischen Hintergrund aus und ist somit nicht repräsentativ für die Grundgesamtheit. Daher ist es für zukünftige Forschungen von Interesse, den Einfluss diversifizierter soziodemographischer Merkmale auf das Phänomen der Ambivalenz zu untersuchen. Eine Untersuchung anderer Personengruppen ist auch von Interesse, um zu betrachten, welche soziodemographischen Variablen die Anfälligkeit gegenüber Ambivalenz möglicherweise beeinflussen. Eine mögliche Anpassung des Untersuchungsdesigns für zukünftige Studien stellt ferner die Betrachtung des Gebrauchtwagen- anstelle des Neuwagenmarktes dar, da dieser in den letzten Jahren immer mehr an Bedeutung gewinnt und vermutlich eine noch höhere Relevanz für eine breitere Zielgruppe aufweist.

Darüber hinaus handelt es sich bei der durchgeführten Studie um ein Laborexperiment. Es wurde eine künstliche Situation geschaffen, in welcher sich die Studienteilnehmer darüber bewusst waren, dass sie Teil eines Experimentes sind. Neben dem Vorteil der Untersuchung von Sachverhalten unter kontrollierten Bedingungen hat dies jedoch zur Folge, dass die Beobachtungen im Rahmen der Studie nicht unbedingt dem Verhalten in einer realen Situation entsprechen (Eschweiler et al., 2007, S. 546; Poth et al., 2008, S. 223). Aufgrund dessen ist es für zukünftige Forschungen interessant zu prüfen, ob die vermuteten Effekte bzw. erkannten Wirkrichtungen auch unter realen Bedingen, d.h. im Rahmen einer Feldstudie, welche sich durch eine hohe externe Validität auszeichnet, beobachtbar sind (Poth et al., 2008, S. 115). Da sich die vorliegende Studie mit der Informationssuche im Rahmen einer anstehenden Kaufentscheidung beschäftigt, eignet sich eine Feldstudie besonders, um zu untersuchen, inwieweit die Probanden beeinflusst werden, wenn eine tatsächliche Kaufentscheidung mit potenziellen finanziellen Konsequenzen antizipiert wird.

Die Manipulationen der Einflussfaktoren der Valenz sowie der Konsistenz der Produktinformationen sind in dieser Studie gelungen. Jedoch weist die mangelnde Signifikanz der ebenfalls manipulierten, moderierenden Variablen des Entscheidungszwangs darauf hin, dass dieser Zwang von den Probanden nicht als solcher wahrgenommen wurde. Es ist kritisch zu hinterfragen, ob sich eine Operationalisierung des Entscheidungszwangs mithilfe der Weiterempfehlungsabsicht eignet. Dementsprechend empfiehlt es sich in einer zukünftigen Studie mittels Manipulation Check zu prüfen, ob die Entscheidung zur Weiterempfehlung eines Produktes tatsächlich mit der Antizipation unsicherer Konsequenzen verbunden ist. Nur so lässt sich empirisch gesichert feststellen, ob die Weiterempfehlungsabsicht tatsächlich als Zwang wahrgenommen wird. Diesbezüglich ist es ferner sinnvoll, die Probanden nicht nur mit einer Absicht, sondern auch mit den Folgen bzw. tatsächlichen Handlungen entsprechend dieser Absicht zu konfrontieren. Um dem potenziellen Entscheidungszwang ein stärkeres Gewicht zu verleihen, ist bspw. eine Festlegung bezüglich der Weiterempfehlungsabsicht mit einem anschließenden Posting durch die Probanden in den persönlichen sozialen Netzwerken denkbar.

Im Rahmen dieser empirischen Untersuchung fand der positive Einfluss inkonsistenter Informationen auf die Entstehung von Ambivalenz Bestätigung. Aufschlussreich sind jedoch auch die Erkenntnisse zur Wirkung der Valenz der Produktinformationen. Hierbei konnte der postulierte stärkere Einfluss des Negativity Bias auf die Entstehung von Ambivalenz nicht gezeigt werden. Vielmehr zeigt sich, dass der signifikante Einfluss der Valenz zwar die größte Wirkung ausübt, allerdings im Gegensatz zu der ursprünglich hergeleiteten Wirkungsrichtung steht. Daher sind ausführlichere Untersuchungen zum Einfluss positiver und negativer Informationen sowie den Asymmetrien der Ambivalenz unabdingbar (vgl. Cacioppo et al., 1997, S. 15 f.). Besonders interessant wäre hierbei eine Forschung unter Berücksichtigung des Gradual Threshold Models, um mögliche Schwellenwerte gemischt positiver und negativer Informationen ermitteln zu können (vgl. Priester & Petty, 1996, S. 432). Entsprechende Studien könnten Aufschluss darüber geben, wo bei gemischten Informationen die Schwelle für das Auftreten eines Negativity Bias liegt und welche Folgen dieser für die Entstehung von Ambivalenz hat.

Als moderierende Variable wurde u.a. die Glaubwürdigkeit der Informationsquelle betrachtet. Hierbei zeigte sich bei der Untersuchung, dass möglicherweise der Zusammenhang zwischen der Informationsquelle und deren Glaubwürdigkeit für die Probanden nicht eindeutig war. Aufgrund der Ergebnisse der empirischen Untersuchung lässt sich vermuten, dass die Probanden die Glaubwürdigkeit der Informationsquelle anhand des jeweiligen Pkw-Einzeltests beurteilt haben. Daher ist es in einer zukünftigen Untersuchung sinnvoll, die Glaubwürdigkeit der Informationsquelle, welche als bekannt vorausgesetzt wird, vor der Konfrontation mit dem jeweiligen Experimentalszenario abzufragen.

Bezüglich des Untersuchungsobjektes beschäftigen sich vorliegende Studien hauptsächlich mit Konsumgütern des täglichen Bedarfs (vgl. u.a. Chang, 2011; Jonas et al., 1997; Olsen et al., 2005; Sparks et al., 2001; Tuu & Olsen, 2010). Der Betrachtung von High-Involvement-Produkten im Zusammenhang mit Ambivalenz wurde bislang hingegen nur wenig Aufmerksamkeit geschenkt. Die Studie liefert daher wichtige Ansätze, um Ambivalenz bei High-Involvement-Produkten zukünftig genauer zu untersuchen. Hierbei bietet es sich in einem nächsten Schritt an, zu erforschen, ob sich Entstehung und Wirkung von Ambivalenz bezüglich Low- und High-Involvement-Produkten unterscheiden. Dies ist vor allem im Hinblick auf das heuristisch-systematische Modell und die differenzierte Informationsverarbeitung in Abhängigkeit vom Involvement interessant (vgl. Chaiken et al., 1989, S. 212; Jonas et al., 1997, S. 194). So lässt sich bspw. vermuten, dass Informationen zu Low-Involvement-Produkten im Vergleich zu Informationen zu High-Involvement-Produkten im Allgemeinen oberflächlicher und ohne kritisches Nachdenken beurteilt werden. Da die vorliegende Studie bestätigt, dass inkonsistente Informationen die Entstehung von Ambivalenz fördern, ist die Wirkung des Involvements bezüglich dieser Beziehung von großem Interesse. Dabei ist anzunehmen, dass besonders High-Involvement-Produkte anfällig sind für das Phänomen der Ambivalenz – auch aufgrund des veränderten Ausmaßes möglicher antizipierter Konsequenzen.

Mögliche Ansätze hierfür liefert eine Studie von *George und Edward* (2009, S. 7). Diese konnten entgegen der intuitiven Vermutung zeigen, dass schwach involvierte Personen mehr kognitive Dissonanz empfinden als stark involvierte Personen. Doch obwohl der Grad der kognitiven Dissonanz für hoch involvierte Personen niedriger ist, fällt diesen die Bewältigung ihrer Dissonanz schwerer. Darüber hinaus zeigen *George und Edward* (2009, S. 7) mit der Erkenntnis, dass geplantes und vergleichsweise wenig spontanes Kaufverhalten mit einem höheren Grad an kognitiver Dissonanz einhergeht, Möglichkeiten für die zukünftige Forschung auf. Die vorliegende Studie unterstützt diese Erkenntnis, da Ambivalenz im Rahmen eines geplanten Autokaufes in gesteigertem Unbehagen resultierte. Da es sich bei einem Autokauf traditionell um eine bedeutende Konsumentscheidung handelt, welche sich durch einen vergleichsweise langen Informationsprozess kennzeichnet, ist auch hier ein Vergleich mit alltäglichen Konsumentscheidungen von Interesse. Zusätzlich lässt sich bei der Kaufentscheidung für ein Auto ein spannender Trend beobachten: die Deutschen entscheiden über ihren Neuwagenkauf immer spontaner. So informieren sie sich im Durchschnitt fünf Wochen lang, bevor sie sich ein neues Auto kaufen. Im Jahr 2014 waren es hingegen noch acht Wochen (Google, 2015). Für die Marketingforschung ist hier bspw. von Interesse, welche Auswirkungen eine verkürzte zeitliche Distanz auf die Entscheidungsfindung hinsichtlich des Unbehagens und möglicher Strategien zur Dissonanzreduktion hat.

Die vorliegende Studie konnte zeigen, dass Ambivalenz im Gegensatz zu Univalenz sowohl direkt als auch indirekt zu einer Steigerung des Unbehagens führt, wobei die Antizipation von Bedauern eine entscheidende Rolle spielt. Die Ergebnisse deuten darauf hin, dass nicht Ambivalenz alleine zu einem Zustand der physiologischen Erregung führt, sondern vielmehr die

Emotion des Bedauerns vermittelnd wirkt. Dabei liegt die Vermutung nahe, dass die mentale Auseinandersetzung und Antizipation möglicher Konsequenzen die Entstehung von Unbehagen positiv beeinflusst. Diesbezüglich sollte sich eine zukünftige Studie der Frage widmen, ob tatsächlich die Unsicherheit über potentielle Konsequenzen einer ambivalenten Situation verantwortlich für das Aufkommen von Unbehagen ist. *Cooper und Fazio* (1984, S. 235) führen dazu an, dass die Antizipation von Konsequenzen insbesondere dann zu Dissonanzen führt, wenn diese unwiderruflich sind. Dies steht im Einklang mit den Erkenntnissen zum Entscheidungszwang und sollte daher in zukünftigen Untersuchungskonzeptionen berücksichtigt werden. Auch ist eine Betrachtung weiterer potenziell beeinflussender, entscheidungsrelevanter Emotionen wie bspw. Angst oder Sorge von Interesse, um die Beziehung zwischen Ambivalenz und Unbehagen näher definieren zu können (vgl. u.a. van Harreveld et al., 2009a, S. 172).

Auch die Informationssuche als Zielgröße sollte erneut Beachtung finden. Da bei der durchgeführten Analyse der Fokus zwangsläufig auf der Kaufabsicht lag, sollte das Informationsverhalten in einer folgenden Studie aufgegriffen und mittels geeigneter Operationalisierung gemessen werden. Weiterhin ist die tatsächlich beobachtete Variable der Kaufabsicht kritisch zu sehen, da Absicht und Verhalten gemäß der Intentions-Verhaltens-Lücke in der Realität häufig nicht übereinstimmen (Wiedemann, 2014). Daher wurde die Größe der Informationssuche im Sinne des engeren Bezugs zum Informationsprozess im Rahmen dieser Studie bewusst gewählt. Insbesondere im Hinblick auf das Unbehagen bzw. kognitive Dissonanzen stellt die Informationssuche eine in der Literatur häufig besprochene Möglichkeit zur Dissonanzreduktion dar, welche jedoch im Zusammenhang mit Ambivalenz bisher nur wenig erforscht wurde und damit einen Ausgangspunkt zukünftiger Forschungsarbeiten darstellt.

Im Rahmen dieser Studie erfolgte die Untersuchung ausgewählter Konstrukte. Darüber hinaus sollte sich die Marketingforschung allerdings mit weiteren möglichen Aspekten des Kaufentscheidungsprozesses unter Ambivalenz beschäftigen. Als zu untersuchende Faktoren eignen sich bspw. die Informationsüberflutung sowie die Bekanntheit des Untersuchungsobjektes und als abhängige Variable das Vertrauen in die eigene Einstellung sowie die Zufriedenheit mit der eigenen Entscheidung. Besonders eine Untersuchung der letzten Variablen ist für die Marketingpraxis relevant, da somit eine Erweiterung der Betrachtung des Einflusses der Ambivalenz auf Prozesse, welche der Kaufentscheidung nachgelagert sind, möglich ist. Als moderierende

Größe stellt darüber hinaus das Kognitionsbedürfnis eine vielversprechende Variable dar. Es zeigt sich, dass das Phänomen der Ambivalenz größte Relevanz für die Marketingforschung aufweist und in der Beurteilung von Kaufentscheidungsprozessen eine verstärkte Berücksichtigung finden sollte. Da jedoch ein schmaler Grat zwischen der erfolgreichen Umwandlung von Ambivalenz hin zur positiven oder negativen Univalenz besteht, sind weitere Forschungsarbeiten zu diesem Thema unabdingbar. Trotz der angeführten Limitationen können aus den Ergebnissen der empirischen Untersuchung weiterhin erste Handlungsempfehlungen für die Marketingpraxis abgeleitet werden.

4.5.2 Implikationen für die Marketingpraxis

Besonders im Rahmen möglicher Marketingstrategien fand das Phänomen der Ambivalenz in der Praxis bisher nur wenig Aufmerksamkeit. Doch besonders aufgrund der immer stärkeren Informationsflut scheinen Konsumenten anfällig für das Empfinden gemischter Gefühle zu sein. Folglich sind praktische Handlungsempfehlungen, welche auf den Ergebnissen empirischer Forschungsarbeiten zum Thema Ambivalenz basieren, für die Management- und Marketingabteilungen von Unternehmen von großer Bedeutung.

Die in dieser Studie gewonnenen empirischen Erkenntnisse verdeutlichen, welchen Einfluss die Valenz der Produktinformationen auf die Entstehung von konsumentenseitiger Ambivalenz hat. Hierbei zeigt sich, dass negative Informationen in einem stärkeren Maß Ambivalenz erzeugen als positive Informationen. Dies bedeutet aber auch, dass die größtenteils negativen Informationen von den Probanden nicht einheitlich negativ, sondern tatsächlich widersprüchlich aufgenommen wurden. Somit erzeugte der kleine Anteil an positiven Informationen in der entsprechenden Leserbewertung vermutlich eine ambivalente, statt eine eindeutig negative Einstellung. Die Gewichtung der positiven und negativen Bestandteile einer Produktbeschreibung ist dementsprechend von besonderer Bedeutung, wobei kundenseitige Ambivalenz nicht immer schlecht sein muss. Gerade im Falle negativer Informationen über einen Anbieter oder ein Produkt ist Ambivalenz einer eindeutig negativen Einstellung vorzuziehen. Diesbezüglich weist die durchgeführte Studie nach, dass schon ein kleiner Anteil positiver Information gemischte Gefühle erzeugen kann. Diese können in späteren Schritten des Kaufentscheidungsprozesses deutlich einfacher in eine positive Einstellung umgewandelt werden, als eine eindeutig negative

Einstellung. Grund hierfür ist die vergleichsweise schwache Struktur ambivalenter Einstellungen, welche darüber hinaus besonders anfällig für äußere Beeinflussungen wie bspw. Werbebotschaften sind (Ajzen, 2001, S. 37; Armitage & Conner, 2000, S. 1429; Nordgren et al., 2006, S. 252). Auch hinsichtlich des Krisenmanagements eines Unternehmens ist die Gewichtung positiver und negativer Produktinformationen von Interesse. Forschungen zur Toleranzschwelle von Konsumenten geben hierbei Aufschluss darüber, welches Maß der von Unternehmen publizierten negativen oder widersprüchlichen Informationen Konsumenten dulden, bevor Ambivalenz entsteht oder sich zu einer negativen Einstellung wandelt. Die aktuelle Relevanz dieses Themas zeigt sich bspw. am Umgang mit Krisen im Automobilbereich wie der Finanzkrise von General Motors oder dem Imageschaden durch die Manipulation von Abgaswerten von VW, welche beide zum Teil erhebliche Absatzeinbußen zur Folge hatten (FAZ, 2015; Statista, 2015a).

Auch die Konsistenz der Produktinformationen beeinflusst sowohl die Entstehung von Ambivalenz als auch die Entstehung von Unbehagen. Inkonsistente Produktinformationen führen hierbei sowohl zu einer stärker wahrgenommenen Ambivalenz als auch zu einem stärkeren Unbehagen. Aufgrund der Beobachtungen bezüglich des direkten Effekts auf das Unbehagen sollte bei Produktneueinführungen die Gestaltung von Produkten, welche sowohl sehr positive als auch sehr negative Eigenschaften haben, aus Marketingsicht kritisch gesehen werden. Vielmehr sollte diesbezüglich Berücksichtigung finden, dass sich durchschnittliche, aber konsistente Produkteigenschaften eventuell positiver auf die konsumentenseitige Einstellung auswirken als widersprüchliche Eigenschaften. Eine Verbesserung bestimmter Eigenschaften ist für Unternehmen also nur zielführend, wenn sie nicht mit der Verschlechterung anderer Eigenschaften einhergeht.

Aufgrund vielfältiger Möglichkeiten zur Auflösung von empfundenem Unbehagen muss dieses jedoch nicht unmittelbar negativ interpretiert werden. Obwohl sich bezüglich der dissonanzreduzierenden Strategie der Informationssuche innerhalb des vorliegenden Experimentes keine signifikanten Effekte nachweisen ließen, sollte der Aspekt der Dissonanzreduktion in der Praxis nicht vernachlässigt werden. Hierbei können Unternehmen Konsumenten gezielt bei der Informationssuche unterstützen. Ambivalenz geht häufig mit einem mangelnden Vertrauen oder einer gewissen Unsicherheit bezüglich der eigenen Einstellung einher. Um die Kaufabsicht potenzieller Konsumenten zu erhöhen, ist es für Marketingmanager ratsam, sowohl das Vertrauen in die eigene Einstellung des Konsumenten als auch das Vertrauen in eine bestimmte Marke oder ein Produkt aktiv zu steigern. Dies kann bspw. durch produktbezogene Informationen oder eine direkte, persönliche Kundenerfahrung und eine Förderung der Kundenbeziehung geschehen. Entscheidend ist hierbei auch der Zeitpunkt der Präferenzbeeinflussung durch Marketingabteilungen. Ambivalenz ist ein Phänomen von vergleichsweise kurzer Dauer, welches zum Teil in einem sehr frühen Stadium des Kaufentscheidungsprozesses vorkommt. Daher sollten geeignete Marketingstrategien ambivalente Konsumenten möglichst früh berücksichtigen, um so auch die Entstehung von Unbehagen rechtzeitig zu unterbinden und den Konsumenten zeitnah in seiner anstehenden Entscheidungsfindung zu unterstützen.

Diesbezüglich sind auch besonders Faktoren von Interesse, welche der Kaufentscheidung nachgelagert sind und somit eine langfristige Betrachtung des Einflusses der Ambivalenz ermöglichen. Denkbar sind hierbei zwei Szenarien: Die Ambivalenz bleibt über den Kaufentscheidungsprozess hinweg bestehen oder die Ambivalenz wird während des Kaufentscheidungsprozesses in eine nicht-ambivalente Einstellung umgewandelt. Insbesondere das erste Szenario ist für Marketingmanager von Bedeutung. Aufgrund der Erkenntnisse der vorliegenden Studie darf vermutet werden, dass Konsumenten aufgrund des Strebens nach Konsistenz gewillt sind, ihre Ambivalenz im Kaufentscheidungsprozess zu überwinden und eine größere Bereitschaft zur Verarbeitung neuer Informationen aufweisen. Bleibt die ambivalente Einstellung dennoch längerfristig bestehen, so sollte Unternehmen die entsprechende Abstimmung ihrer After-Sales-Maßnahmen in Betracht ziehen. Aufgrund möglicher Dissonanzen durch den Kauprozess lässt sich vermuten, dass ambivalente Personen besonders anfällig für Gefühle der Reue nach einem Kauf sind. Dies äußert sich in einer gesteigerten Unsicherheit im Anschluss an den Erwerb eines Produktes oder einer Leistung (Arndt & Braun, 2006, S. 125) und wird auch als sog. Nachkaufdissonanz bezeichnet. Hierbei sind High-Involvement-Produkte deutlich anfälliger für die Entstehung von Nachkaufdissonanzen als Produkte des täglichen Bedarfs (Olbrich, 2006, S. 185). Fortdauerende ambivalente Zustände kennzeichnen sich laut *Festinger* (1957, S. 3) durch Bemühungen, konsonanzfördernde Informationen aktiv zu suchen und dissonanzfördernde Informationen zu vermeiden. In der Praxis erfolgt häufig eine Vernachlässigung der

After-Sales-Phase (Olbrich, 2006, S. 185). Für ambivalenten Kunden bietet sich dieser Zeitpunkt jedoch an, um mögliche bestehende Dissonanzen abzubauen und den Konsumenten in seiner Kaufentscheidung zu bestätigen. Auf diesem Wege wird die Kundenzufriedenheit gefördert und mögliche Up- und Cross-Selling-Potenziale erfahren eine optimale Nutzung.

Die Bedeutung des After-Sales-Managements zeigt sich auch bei Betrachtung des Markenwechselverhaltens im Automobilsektor. Hierbei stimmen die Absichtserklärungen potenzieller Käufer häufig nicht mit der tatsächlichen Markentreue überein. So haben im Jahr 2014 nur knapp 40 Prozent der Gebrauchtwagenkäufer wieder ein Fahrzeug der gleichen Marke gekauft – die Befragung zu ihrer prospektiven Markenloyalität erzielte jedoch einen sehr hohen Wert von 93 Prozent. Ähnliches lässt sich bei den Neuwagenkäufern beobachten. Hier entschieden sich 45 Prozent für ein Fahrzeug der gleichen Marke – 99 Prozent gaben jedoch an, ihrer gegenwärtigen Automarke treu bleiben zu wollen (DAT, 2015, S. 52 ff.). Eine weitere Studie unter Autokäufern zeigt, dass 20 Prozent der Befragten unentschieden sind, ob sie ihre aktuelle Automarke erneut kaufen würden (IfD Allensbach, 2015). Am Kauf von Pkws und der geringen tatsächlichen Markentreue zeigt sich somit die Relevanz der Ambivalenzforschung und der Berücksichtigung ambivalenter Kunden in der Marketingpraxis. Ambivalenz ist viel mehr als ein psychologischer Begriff und sollte daher zukünftig vermehrt in der Entwicklung von Marketingstrategien Berücksichtigung finden – auch um langfristig ein tiefergehendes Verständnis für die Entscheidungsprozesse von Konsumenten zu erhalten.

5 Schlussbetrachtung und Ausblick

Das Phänomen der Ambivalenz stellt nicht nur für die wissenschaftliche Marketingtheorie, sondern auch für die Marketingpraxis ein bedeutendes, wenn auch bislang nur wenig untersuchtes Forschungs- und Anwendungsgebiet dar. Ziel des vorliegenden Buches war es, Begünstigungsfaktoren der konsumentenseitigen Entstehung von Ambivalenz zu ermitteln und darüber hinaus zu betrachten, unter welchen Bedingungen Ambivalenz als unangenehm empfunden wird. Zu diesem Zweck wurde eine Onlineumfrage unter Einbezug eines fiktiven Pkw-Einzeltests durchgeführt. Dabei sollte untersucht werden, inwieweit die Valenz und Konsistenz der Produktinformationen die Entstehung von Ambivalenz sowie die Entstehung von Unbehagen beeinflussen. Auch das antizipierten Bedauern und die Absicht der Informationssuche fanden in diesem Zusammenhang Eingang in das postulierte Modell. Letztlich wurde eine mögliche Moderation spezifischer Wirkungszusammenhänge durch die Glaubwürdigkeit der Informationsquelle, das individuelle Konsistenzstreben sowie das Vorhandensein eines Entscheidungszwangs untersucht.

Basierend auf den Ergebnissen der empirischen Untersuchung fanden acht der insgesamt 17 postulierten Hypothesen Bestätigung. Die verbleibenden neun Hypothesen mussten verworfen werden, da keine signifikanten Zusammenhänge feststellbar waren. Bezüglich der verworfenen Hypothesen ließen sich dennoch spezifische Tendenzen beobachten, welche weitere Erkenntnisse liefern. So zeigte sich, dass negativere im Vergleich zu positiveren Produktinformationen vermehrt Ambivalenz erzeugen. Diese Beobachtung entspricht zwar nicht der vermuteten Wirkungsrichtung, ist aber dennoch von großem Interesse für die weitere Forschung im Rahmen der Ambivalenz – insbesondere unter Berücksichtigung der Asymmetrien der Ambivalenz sowie des Gradual Threshold Models. Auch weisen die Ergebnisse darauf hin, dass inkonsistente Produktinformationen sowohl eine Erhöhung der wahrgenommenen Ambivalenz als auch eine Steigerung des Unbehagens zur Folge haben. Hierbei führte die Kombination von (positiv) konsistenten sowie positiveren Produktinformationen sowohl zur schwächsten wahrgenommenen Ambivalenz als auch zum niedrigsten Grad an Unbehagen. Diese Erkenntnisse können als Grundlage für weitere Ansätze im Rahmen der Marketingforschung dienen und in der Marketingpraxis insbesondere im Rahmen der Produktgestaltung Berücksichtigung finden. Ferner weisen die vorliegenden Ergebnisse bezüglich des direkten Effekts zwischen Ambivalenz und

Unbehagen auf eine mediierende Wirkung des antizipierten Bedauerns hin. Moderierende Effekte durch die Glaubwürdigkeit der Informationsquelle konnten nicht beobachtet werden. Es muss jedoch kritisch hinterfragt werden, ob die Konzeption dieser moderierenden Variablen im Rahmen der Untersuchung hinreichend geeignet war und mangelnde Ergebnisse eher auf das Untersuchungsdesign zurückzuführen sind. Bezüglich der moderierenden Variablen des Konsistenzstrebens konnte hingegen eine verstärkende Wirkung des direkten Effekts der Konsistenz der Produktinformationen auf die wahrgenommene Ambivalenz nachgewiesen werden. Die Manipulation der moderierenden Variablen des Entscheidungszwangs ist nicht gelungen, da dieser scheinbar keinen Einfluss auf die Wirkung der Ambivalenz bzw. des antizipierten Bedauerns hat. Der Einfluss einer potenziellen Entscheidungssituation ist jedoch grundsätzlich im Rahmen der Ambivalenzforschung von Interesse und sollte daher in zukünftigen Forschungen erneut Berücksichtigung finden. Auch eine Aussage zur mentalen Bereitschaft, nach weiteren Informationen zum Einstellungsobjekt zu suchen, kann nicht abgeleitet werden. Vielmehr zeigte sich, dass sowohl eine stärkere Ambivalenz als auch ein höheres Unbehagen eine Abnahme der Kaufabsicht zur Folge hat.

Eine Abwandlung des Untersuchungsobjektes erscheint für zukünftige Forschungen interessant. Hierbei ist insbesondere die Gegenüberstellung von Low- und High-Involvement-Produkten vielversprechend. So kann eine Betrachtung möglicher unterschiedlicher Wirkungsmechanismen in Abhängigkeit des untersuchten Gutes einen entscheidenden Fortschritt der Einstellungsforschung für die Marketingpraxis bieten. Darüber hinaus konnte die Studie erste Erkenntnisse über die Wirkung von Ambivalenz in einem frühen Stadium des Kaufentscheidungsprozesses liefern. Für zukünftige Forschungen ist daher ergänzend eine Betrachtung von Prozessen, welche der Kaufentscheidung nachgelagert sind, von Interesse. Hierbei wird auch die Bedeutung des Zeitpunkts, zu welchem Ambivalenz in Unbehagen resultiert, deutlich. So zeigen die Ergebnisse der Studie, dass eine ambivalente Einstellung nicht zwangsweise mit einem Gefühl des Unbehagens einhergehen muss, diese beiden Komponenten aber dennoch eng miteinander verknüpft sind. Die sorgfältige Planung einer geeigneten Marketingstrategie ist daher unabdingbar und sollte Teil einer umfassenden Kommunikationsstrategie sein, um frühzeitig auf ambivalente Konsumenten einzugehen und somit die Entstehung negativer Emotionen und Kognitionen rechtzeitig zu unterbinden. Darüber hinaus bieten ambivalente Einstellungen aufgrund ihrer schwachen Struktur das Potenzial einer Umwandlung in eine positive Konsumenteneinstellung bei verhältnismäßig geringem Aufwand.

Die Entwicklung eines tiefergehenden Verständnisses für die Wirkungsmechanismen von gemischten Gefühlen ist somit sowohl im Rahmen der Marketingforschung als auch der Marketingpraxis unabdingbar. Ambivalenz kennzeichnet hierbei ein Phänomen mit weitgehend noch nicht ausgeschöpftem Potenzial, welches sich aufgrund der stetigen Zunahme der Informationsflut vermehrt als ein fester Bestandteil der alltäglichen Entscheidungsfindung darstellt. In diesem Zusammenhang liefert die Studie erste wichtige Erkenntnisse im Rahmen der Ambivalenzforschung. Für zukünftige Forschungen ist jedoch eine detaillierte Betrachtung weiterer Einflussfaktoren von Bedeutung. Daraus ergeben sich spezifische Handlungsempfehlungen für den bestmöglichen Umgang mit ambivalent eingestellten Konsumenten.

Literaturverzeichnis

Abelson, Robert P., & Kanouse, David E. (1966). *Subjective acceptance of verbal generalizations.* In Sheldon Feldman (Ed.), *Cognitive consistency* (S. 171-197). New York: Academic Press.

ADAC (2014). Der ADAC-Autotest. https://www.adac.de/_mmm/pdf/So_testet_der_ADAC_488KB_30012.pdf, letzter Abruf: 13. Januar 2016.

Adams, Donald K. (1954). Conflict and integration. *Journal of Personality, 22(4),* 548-556.

Adams, John S. (1961). Reduction of cognitive dissonance by seeking consonant information. *Journal of Abnormal and Social Psychology, 62(1),* 74-78.

Ajzen, Icek (2001). Nature and operation of attitudes. *Annual Review of Psychology, 52(1),* 27-58.

Allport, Gordon W. (1935). *Attitudes.* In Carl Murchison (Ed.), *A handbook of social psychology* (S. 798-844). Worcester: Clark University Press.

Anderson, Christopher J. (2003). The psychology of doing nothing: Forms of decision avoidance result from reason and emotion. *Psychological Bulletin, 129(1),* 139-167.

Armitage, Christopher J., & Arden, Madelynne A. (2007). Felt and potential ambivalence across the stages of change. *Journal of Health Psychology, 12(1),* 149-158.

Armitage, Christopher J., & Conner, Mark (2000). Attitudinal ambivalence: A test of three key hypotheses. *Personality and Social Psychology Bulletin, 26(11),* 1421-1432.

Arndt, Peter, & Braun, Gerold (2006). *Erfolgreich Kunden akquirieren: Wie Sie als Finanzdienstleister Kunden gewinnen und mehr Profit erzielen.* Wiesbaden: Gabler.

Auto Bild (2015). Auto Bild-Tester. http://www.autobild.de/autobild-tester/ (Dokument auf dem Server nicht mehr verfügbar), letzter Abruf: 17. November 2015.

Auto Motor und Sport (2015). So testet Auto Motor und Sport. http://www.auto-motor-und-sport.de/testbericht/testverfahren-so-testet-auto-motor-und-sport-696938.html, letzter Abruf: 29. Dezember 2015.

Backhaus, Klaus, Erichson, Bernd, Plinke, Wulff, & Weiber, Rolf (2011). *Multivariate Analysemethoden: Eine anwendungsorientierte Einführung* (13. Auflage). Heidelberg: Springer.

Baron, Reuben M., & Kenny, David A. (1986). The moderator-mediator variable distinction in social psychological research: Conceptual, strategic, and statistical considerations. *Journal of Personality and Social Psychology, 51(6),* 1173-1182.

Bassili, John N. (1996). Meta-judgmental versus operative indexes of psychological attributes: The case of measures of attitude strength. *Journal of Personality and Social Psychology, 71(4),* 637-653.

Baumeister, Roy F., Bratslavsky, Ellen, Finkenauer, Catrin, & Vohs, Kathleen D. (2001). Bad is stronger than good. *Review of General Psychology, 5(4),* 323-370.

Belsley, David A., Kuh, Edwin, & Welsch, Roy E. (2004). *Regression diagnostics: Identifying influential data and sources of collinearity.* Hoboken: Wiley-Interscience.

Bennett, Peter D., & Harrell, Gilbert D. (1975). The role of confidence in understanding and predicting buyers' attitudes and purchase intentions. *Journal of Consumer Research, 2(2),* 110-117.

Bitkom (2011). Netzgesellschaft – Eine repräsentative Untersuchung zur Mediennutzung und dem Informationsverhalten der Gesellschaft in Deutschland. https://www.bitkom.org/Publikationen/2011/Studie/Studie-Netzgesellschaft/BITKOM-Publikation-Netzgesellschaft.pdf, letzter Abruf: 27. Oktober 2015.

Bleuler, Eugen (1911). *Dementia praecox oder Gruppe der Schizophrenien.* Leipzig: Deuticke.

Bleuler, Eugen (1914). *Die Ambivalenz.* In *Festgabe zur Einweihung der Neubauten der Universität Zürich 18. IV. (Festgabe der medizinischen Fakultät)* (S. 95-106). Zürich: Schulthess & Co.

Bortz, Jürgen (2005). *Statistik für Human- und Sozialwissenschaftler* (6. Auflage). Heidelberg: Springer.

Bradburn, Norman M., & Caplovitz, David (1965). *Reports on happiness.* Chicago: Aldine Publishing Company.

Cacioppo, John T., & Berntson, Gary G. (1994). Relationship between attitudes and evaluative space: A critical review, with emphasis on the separability of positive and negative substrates. *Psychological Bulletin, 115(3),* 401-423.

Cacioppo, John T., Gardner, Wendi L., & Berntson, Gary G. (1997). Beyond bipolar conceptualizations and measures: The case of attitudes and evaluative space. *Personality and Social Psychology Review, 1(1),* 3-25.

Cacioppo, John T., Harkins, Stephen G., & Petty, Richard E. (1981). *The nature of attitudes and cognitive responses and their relationships to behavior.* In Richard E. Petty, Thomas M. Ostrom & Timothy C. Brock (Eds.), *Cognitive responses in persuasion* (S. 31-54). New York: Psychology Press.

Chaiken, Shelly, Liberman, Akiva, & Eagly, Alice H. (1989). *Heuristic and systematic information processing within and beyond the persuasion context.* In James S. Uleman & John A. Bargh (Eds.), *Unintended thought* (S. 212-252). New York: Guilford.

Chang, Chingching (2011). Feeling ambivalent about going green: Implications for green advertising processing. *Journal of Advertising, 40(4),* 19-31.

Chen, Serena, & Chaiken, Shelly (1999). *The heuristic-systematic model in its broader context.* In Shelly Chaiken & Yaacov Trope (Eds.), *Dual-process theories in social psychology* (S. 73-96). New York: Guilford Press.

Chin, Wynne W. (2000). Frequently asked questions: Partial Least Squares and PLS-Graph. http://disc-nt.cba.uh.edu/chin/plsfaq/plsfaq.htm, letzter Abruf: 27. Dezember 2015.

Choo, Tong-He (1964). Communicator credibility and communication discrepancy as determinants of opinion change. *Journal of Social Psychology, 64(1),* 65-76.

Churchill, Gilbert A, Jr. (1979). A paradigm for developing better measures of marketing constructs. *Journal of Marketing Research, 16(1),* 64-73.

Cialdini, Robert B., Trost, Melanie R., & Newsom, Jason T. (1995). Preference for consistency: The development of a valid measure and the discovery of surprising behavioral implications. *Journal of Personality and Social Psychology, 69(2),* 318-328.

Cohen, Jacob (1988). *Statistical power analysis for the behavioral sciences* (2. Auflage). Hillsdale: Lawrence Erlbaum Associates.

Cooper, Joel, & Fazio, Russell H. (1984). A new look at dissonance theory. *Advances in Experimental Social Psychology, 17(1),* 229-266.

Costarelli, Sandro, & Colloca, Pasquale (2007). The moderation of ambivalence on attitude-intention relations as mediated by attitude importance. *European Journal of Social Psychology, 37(5),* 923-933.

DAT Deutsche Automobil Treuhand (2014). DAT Report 2014. http://www.autohaus.de/fm/3478/DAT-Report%202014_AUTOHAUS.4204634.pdf, letzter Abruf: 10. Januar 2016.

DAT Deutsche Automobil Treuhand (2015). DAT Report 2015. https://www.dat.de/fileadmin/media/download/DAT-Report_2015.pdf, letzter Abruf: 11. Januar 2016.

De Soto, Clinton B., & Kuethe, James L. (1959). Subjective probabilities of interpersonal relationships. *Journal of Abnormal and Social Psychology, 59(2),* 290-294.

Duden (2015). *Das Fremdwörterbuch* (11. Auflage). Berlin: Dudenverlag.

Eagly, Alice H., & Chaiken, Shelly (1993). *The psychology of attitudes.* Fort Worth: Harcourt Brace Jovanovich.

Eagly, Alice H., & Chaiken, Shelly (1998). *Attitude structure and function.* In Daniel T. Gilbert, Susan T. Fiske & Gardner Lindzey (Eds.), *The handbook of social psychology* (S. 269-322). New York: McGraw-Hill.

Eggert, Andreas, Fassott, Georg, & Helm, Stefan (2005). *Identifizierung und Quantifizierung mediierender und moderierender Effekte in komplexen Kausalstrukturen.* In Friedhelm Bliemel, Andreas Eggert, Georg Fassott & Jörg Henseler (Eds.), *Handbuch PLS-Pfad-modellierung: Methode, Anwendung, Praxisbeispiele* (S. 101-116). Stuttgart: Schäffer-Poeschel.

Eschweiler, Maurice, Evanschitzky, Heiner, & Woisetschläger, David (2007). Ein Leitfaden zur Anwendung varianzanalytisch ausgerichteter Laborexperimente. *Wirtschaftswissenschaftliches Studium, 36(12),* 546-554.

FAZ Frankfurter Allgemeine Zeitung (2015). Volkswagen bricht jetzt doch der Absatz weg. http://www.faz.net/aktuell/wirtschaft/vw-abgasskandal/abgasskandal-volkswagen-bricht-jetzt-doch-der-absatz-weg-13923412.html, letzter Abruf: 15. Januar 2016.

Felser, Georg (2015). *Werbe- und Konsumentenpsychologie* (4. Auflage). Berlin: Springer.

Festinger, Leon (1957). *A theory of cognitive dissonance.* Stanford: Stanford University Press.

Festinger, Leon (1964). *Conflict, decision and dissonance.* Stanford: Stanford University Press.

Field, Andy (2013). *Discovering statistics using IBM SPSS Statistics* (4. Auflage). London: Sage.

Fishbein, Martin, & Ajzen, Icek (1975). *Belief, attitude, intention, and behavior: An introduction to theory and research.* Reading: Addison-Wesley.

Fornell, Claes, & Larcker, David F. (1981). Evaluating structural equation models with unobservable variables and measurement error. *Journal of Marketing Research, 18(1),* 39-50.

Freud, Sigmund (1996). *Three case histories.* New York: Touchstone.

Gefen, David, Straub, Detmar W., & Boudreau, Marie-Claude (2000). Structural equation modeling and regression: Guidelines for research practice. *Communications of the Association for Information Systems, 4(7),* 1-79.

George, Babu P., & Edward, Manoj (2009). Cognitive dissonance and purchase involvement in the consumer behavior context. *The IUP Journal of Marketing Management, 8(3-4),* 7-24.

Gilovich, Thomas, & Medvec, Victoria Husted (1995). The experience of regret: What, when and why. *Psychological Review, 102(2),* 379-395.

Goldberg, Marvin E., & Hartwick, Jon (1990). The effects of advertiser reputation and extremity of advertising claim on advertising effectiveness. *Journal of Consumer Research, 17(2),* 172-179.

Google (2015). Autokauf braucht etwa fünf Wochen. https://www.thinkwithgoogle.com/intl/de-de/research-study/studie-autokauf-braucht-etwa-funf-wochen/, letzter Abruf: 10. Januar 2016.

Guadagno, Rosanna E., & Cialdini, Robert B. (2010). Preference for consistency and social influence: A review of current research findings. *Social Influence, 5(3),* 152-163.

Hair, Joseph F., Jr., Black, William C., Babin, Barry J., Anderson, Rolph E., & Tatham, Ronald L. (2006). *Multivariate data analysis* (6. Auflage). Upper Saddle River: Pearson Prentice Hall.

Handelsblatt (2004). Mehr als 6.000 Werbekontakte pro Tag. http://www.handelsblatt.com/unternehmen/management/konsumenten-mehr-als-6-000-werbekontakte-pro-tag/2384706.html, letzter Abruf: 27. Oktober 2015.

Handelsblatt (2015). Beim ersten Autokauf sind die meisten jünger als 21. http://www.handelsblatt.com/wirtschaft-handel-und-finanzen-beim-ersten-autokauf-sind-die-meisten-juenger-als-21/12053084.html, letzter Abruf: 10. Dezember 2015.

Heider, Fritz (1946). Attitudes and cognitive organization. *The Journal of Psychology, 21(1),* 107-112.

Herbig, Paul, & Milewicz, John (1993). The relationship of reputation and credibility to brand success. *Journal of Consumer Marketing, 10(3),* 18-24.

Herrmann, Andreas, & Landwehr, Jan R. (2008). *Varianzanalyse.* In Andreas Herrmann, Christian Homburg & Martin Klarmann (Eds.), *Handbuch Marktforschung* (3. Auflage) (S. 579-606). Wiesbaden: Gabler.

Herrmann, Andreas, & Seilheimer, Christian (2000). *Varianz- und Kovarianzanalyse.* In Andreas Herrmann & Christian Homburg (Eds.), *Marktforschung: Methoden, Anwendungen, Praxisbeispiele* (2. Auflage) (S. 265-294). Wiesbaden: Gabler.

Hilbert, Martin, & López, Priscila (2011). The world's technological capacity to store, communicate, and compute information. *Science, 332(6025),* 60-65.

Hogarth, Robin M. (1981). Beyond discrete biases: Functional and dysfunctional aspects of judgmental heuristics. *Psychological Bulletin, 90(2),* 197-217.

Homburg, Christian, Herrmann, Andreas, & Pflesser, Christian (2008). *Methoden der Datenanalyse im Überblick.* In Andreas Herrmann, Christian Homburg & Martin Klarmann (Eds.), *Handbuch Marktforschung* (3. Auflage) (S. 151-174). Wiesbaden: Gabler.

Homburg, Christian, & Klarmann, Martin (2006). Die Kausalanalyse in der empirischen betriebswirtschaftlichen Forschung: Problemfelder und Anwendungsempfehlungen. *Die Betriebswirtschaft, 66(6),* 727-748.

Hopwood, Christopher J. (2007). Moderation and mediation in structural equation modeling: Applications for early intervention research. *Journal of Early Intervention, 29(3),* 262-272.

Hovland, Carl I., Janis, Irving, & Kelley, Harold H. (1953). *Communication and persuasion: Psychological studies of opinion change.* New Haven: Yale University Press.

Hovland, Carl I., & Weiss, Walter (1951). The influence of source credibility on communication effectiveness. *Public Opinion Quarterly, 15(4),* 635-650.

Howard, John A. (1989). *Consumer behavior in marketing strategy.* Englewood Cliffs: Prentice Hall.

Huber, Frank, Herrmann, Andreas, Meyer, Frederik, Vogel, Johannes, & Vollhardt, Kai (2007). *Kausalmodellierung mit Partial Least Squares: Eine anwendungsorientierte Einführung.* Wiesbaden: Gabler.

Huber, Frank, Meyer, Frederik, & Lenzen, Michael (2014). *Grundlagen der Varianzanalyse: Konzeption, Durchführung, Auswertung.* Wiesbaden: Springer Gabler.

IBM Corporation (2015). *IBM SPSS Statistics for Windows, Version 23.0.* Armonk: IBM Corporation.

IfD Allensbach (2015). Allensbacher Markt- und Werbeträgeranalyse. http://www.ifd-allensbach.de/fileadmin/AWA/AWA2015/Codebuchausschnitte/AWA2015_Codebuch_Kraftfahrzeuge.pdf, letzter Abruf: 11. Januar 2015.

Jonas, Klaus, Brömer, Philip, & Diehl, Michael (2000). Attitudinal ambivalence. *European Review of Social Psychology, 11(1),* 35-74.

Jonas, Klaus, Diehl, Michael, & Brömer, Philip (1997). Effects of attitudinal ambivalence on information processing and attitude-intention consistency. *Journal of Experimental Social Psychology, 33(1),* 190-210.

Kahneman, Daniel, & Tversky, Amos (1979). Prospect theory: An analysis of decision under risk. *Econometrica, 47(2),* 263-292.

Kanouse, David E. (1984). Explaining negativity biases in evaluation and choice behavior: Theory and Research. *Advances in Consumer Research, 11(1),* 703-708.

Kanouse, David E., & Hanson, L. Reid, Jr. (1972). *Negativity in evaluations.* In Edward E. Jones, David E. Kanouse, Harold H. Kelley, Richard E. Nisbett, Stuart Valins & Bernard Weiner (Eds.), *Attribution: Perceiving the causes of behavior* (S. 47-62). Morristown: General Learning Press.

KBA Kraftfahrt-Bundesamt (2015a). Bestand an Pkw in den Jahren 2006 bis 2015 nach Herkunftsländern. http://www.kba.de/DE/Statistik/Fahrzeuge/Bestand/MarkenHersteller/b_mark_pkw_zeitreihe.html?nn=663630, letzter Abruf: 29. Dezember 2015.

KBA Kraftfahrt-Bundesamt (2015b). Pressemitteilung: Fahrzeugzulassungen im Juni 2015: Halbjahresbericht. http://www.kba.de/DE/Presse/Pressemitteilungen/2011_2015/2015/Fahrzeugzulassungen/pm16_2015_n_06_15_pm_komplett.html?nn=1206172, letzter Abruf: 13. Januar 2016.

Koschate, Nicole (2002). *Kundenzufriedenheit und Preisverhalten: Theoretische und empirisch experimentelle Analysen.* Wiesbaden: Deutscher Universitäts-Verlag.

Koschnick, Wolfgang J. (1995). *Management: Enzyklopädisches Lexikon.* Berlin: de Gruyter.

KÜS Kraftfahrzeug-Überwachungsorganisation (2015). KÜS informiert: Trend-Tacho bestätigt hohen Stellenwert des Autos. http://kues-magazin.de/kues-trend-tacho-bestaetigt-hohen-stellenwert-des-autos/, letzter Abruf: 29. Dezember 2015.

Langenscheidt (2015). *Langenscheidt Schulwörterbuch Latein.* München: Langenscheidt Verlag.

Laroche, Michel, Kim, Chankon, & Zhou, Lianxi (1996). Brand familarity and confidence as determinants of purchase intention: An empirical test in a multiple brand context. *Journal of Business Research, 37(2),* 115-120.

Larsen, Jeff T., McGraw, A. Peter, & Cacioppo, John T. (2001). Can people feel happy and sad at the same time? *Journal of Personality and Social Psychology, 81(4),* 684-696.

Lavine, Howard, Thomsen, Cynthia J., Zanna, Mark P., & Borgida, Eugene (1998). On the primacy of affect in the determination of attitudes and behavior: The moderating role of affective-cognitive ambivalence. *Journal of Experimental Social Psychology, 34(1),* 398-421.

Leiner, Dominik J. (2014). oFb – der onlineFragebogen. https://www.soscisurvey.de/, letzter Abruf: 29. Dezember 2015.

Little, Todd D., Card, Noel A., Bovaird, James A., Preacher, Kristopher J., & Crandall, Christian S. (2009). *Structural equation modeling of mediation and moderation with contextual factors.* In Todd D. Little, James A. Bovaird & Noel A. Card (Eds.), *Modeling contextual effects in longitudinal studies* (S. 207-230). New York: Psychology Press.

Loomes, Graham, & Sugden, Robert (1982). Regret theory: An alternative theory of rational choice under uncertainty. *The Economic Journal, 92(1),* 805-824.

Maio, Gregory R., Esses, Victoria M., & Bell, David W. (2000). Examining conflict between components of attitudes: Ambivalence and inconsistency are distinct constructs. *Canadian Journal of Behavioural Science, 32(2),* 71-83.

Media Impact (2015). ma 2015 Pressemedien II. http://www.ma-reichweiten.de/, letzter Abruf: 29. Dezember 2015.

Miller, Neal E. (1959). *Liberalization of basic S-R concepts: Extensions to conflict, behavior, motivation, and social learning.* In Sigmund Koch (Ed.), *Psychology: A study of a science* (Vol. 2) (S. 196-292). New York: McGraw-Hill.

Moorthy, Sridhar, Ratchford, Brian T., & Talukdar, Debabrata (1997). Consumer information search revisited: Theory and empirical analysis. *Journal of Consumer Research, 23(4),* 263-277.

Mukhopadhyay, Anirban, & Johar, Gita Venkataramani (2007). Tempted or not? The effect of recent purchase history on responses to affective advertising. *Journal of Consumer Research, 33(4),* 445-453.

Newby-Clark, Ian R., McGregor, Ian, & Zanna, Mark P. (2002). Thinking and caring about cognitive inconsistency: When and for whom does attitudinal ambivalence feel uncomfortable? *Journal of Personality and Social Psychology, 82(2),* 157-166.

Nieschlag, Robert, Dichtl, Erwin, & Hörschgen, Hans (2002). *Marketing* (19. Auflage). Berlin: Duncker & Humblot.

Nordgren, Loran F, van Harreveld, Frenk, & van der Pligt, Joop (2006). Ambivalence, discomfort, and motivated information processing. *Journal of Experimental Social Psychology, 42(2),* 252-258.

Norman, Greg J., Cacioppo, John T., & Berntson, Gary G. (2011). *Social neuroscience of evaluative motivation.* In Jean Decety & John T. Cacioppo (Eds.), *The Oxford handbook of social neuroscience* (S. 164-177). Oxford: Oxford University Press.

Ohanian, Roobina (1990). Construction and validation of a scale to measure celebrity endorsers' perceived expertise, trustworthiness, and attractiveness. *Journal of Advertising, 19(3),* 39-52.

Oinas-Kukkonen, Harri, & Harjumaa, Marja (2008). *A systematic framework for designing and evaluating persuasive systems.* In Harri Oinas-Kukkonen, Per Hasle, Marja Harjumaa, Katarina Segerståhl & Peter Øhrstrøm (Eds.), *Persuasive Technology* (Vol. 5033) (S. 164-176). Heidelberg: Springer.

Olbrich, Rainer (2006). *Marketing: Eine Einführung in die marktorientierte Unternehmensführung* (2. Auflage). Berlin: Springer.

Olsen, Ottar Svein, Wilcox, James, & Olsson, Ulf (2005). Consequences of ambivalence on satisfaction and loyalty. *Psychology & Marketing, 22(3),* 247-269.

Osgood, Charles E., & Tannenbaum, Percy H. (1955). The principle of congruity in the prediction of attitude change. *Psychological Review, 62(1),* 42-55.

Petrova, Petia K., & Cialdini, Robert B. (2005). Fluency of consumption imagery and the backfire effects of imagery appeals. *Journal of Consumer Research, 32(1),* 442-452.

Petty, Richard E., & Cacioppo, John T. (1986). *The elaboration likelihood model of persuasion.* In Richard E. Petty & John T. Cacioppo (Eds.), *Communication and persuasion* (S. 1-24). New York: Springer.

Pornpitakpan, Chanthika (2004). The persuasiveness of source credibility: A critical review of five decades' evidence. *Journal of Applied Social Psychology, 34(2),* 243-281.

Poth, Ludwig G., Poth, Gudrun S., & Pradel, Marcus (2008). *Gabler Kompakt-Lexikon Marketing* (3. Auflage). Wiesbaden: Gabler.

Priester, Joseph R., & Petty, Richard E. (1996). The gradual threshold model of ambivalence: Relating the positive and negative bases of attitudes to subjective ambivalence. *Journal of Personality and Social Psychology, 71(3),* 431-449.

Priester, Joseph R., Petty, Richard E., & Park, Kiwan (2007). Whence univalent ambivalence? From the anticipation of conflicting reactions. *Journal of Consumer Research, 34(1),* 11-21.

Raab, Gerhard, & Unger, Fritz (2001). *Marktpsychologie.* Wiesbaden: Gabler.

Rasch, Björn, Friese, Malte, Hofmann, Wilhelm, & Naumann, Ewald (2010). *Quantitative Methoden 2: Einführung in die Statistik für Psychologen und Sozialwissenschaftler* (3. Auflage). Berlin: Springer.

Ringle, Christian M., Wende, Sven, & Will, Alexander (2005). *SmartPLS 2.0.M3.* Hamburg: SmartPLS.

Roehm, Michelle L., & Roehm, Harper A. (2011). The influence of redemption time frame on responses to incentives. *Journal of the Academy of Marketing Science, 39(3),* 363-375.

Roese, Neal J. (1997). Counterfactual thinking. *Psychological Bulletin, 121(1),* 133-148.

Rosenbaum, Milton E., & Levin, Irwin P. (1969). Impression formation as a function of source credibility and the polarity of information. *Journal of Personality and Social Psychology, 12(1),* 34-37.

Rosenberg, Milton J. (1960). *An analysis of affective-cognitive consistency.* In Milton J. Rosenberg, Carl I. Hovland, William J. McGuire, Robert P. Abelson & Jack W. Brehm (Eds.), *Attitude organization and change: An analysis of consistency among attitude components* (S. 15-64). New Haven: Yale University Press.

Rudolf, Matthias, & Müller, Johannes (2004). *Multivariate Verfahren: Eine praxisorientierte Einführung mit Anwendungsbeispielen in SPSS.* Göttingen: Hogrefe.

Sarkar, Mitrabarun, Echambadi, Raj, Cavusgil, S. Tamer, & Aulakh, Preet S. (2001). The influence of complementarity, compatibility, and relationship capital on alliance performance. *Journal of the Academy of Marketing Science, 29(4),* 358-373.

Sawicki, Vanessa, Wegener, Duane T., Clark, Jason K., Fabrigar, Leandre R., Smith, Steven M., & Durso, Geoffrey R. O. (2013). Feeling conflicted and seeking information: When ambivalence enhances and diminishes selective exposure to attitude-consistent information. *Personality and Social Psychology Bulletin, 39(6),* 735-747.

Schneider, Iris K., Eerland, Anita, van Harreveld, Frank, Rotteveel, Mark, van der Pligt, Joop, van der Stoep, Nathan, & Zwaan, Rolf A. (2013). One way and the other: The bidirectional relationship between ambivalence and body movement. *Psychological Science, 24(3),* 319-325.

Schwartz, Barry, Ward, Andrew, Monterosso, John, Lyubomirsky, Sonja, White, Katherine, & Lehman, Darrin R. (2002). Maximizing versus satisficing: Happiness is a matter of choice. *Journal of Personality and Social Psychology, 83(5),* 1178-1197.

Scott, William A. (1968). *Attitude measurement.* In Gardner Lindzey & Elliot Aronson (Eds.), *The handbook of social psychology* (Vol. 2) (S. 204-273). Reading: Addison-Wesley.

Sengupta, Jaideep, & Johar, Gita Venkataramani (2002). Effect of inconsistent attribute information on the predictive value of product attitudes: Toward a resolution of opposing perspectives. *Journal of Consumer Research, 29(1),* 39-56.

Sobel, Michael E. (1982). *Asymptotic intervals for indirect effects in structural equations models.* In Samuel Leinhart (Ed.), *Sociological methodology* (S. 290-312). San Francisco: Jossey-Bass.

Sparks, Paul, Conner, Mark, James, Rhiannon, Shepherd, Richard, & Povey, Rachel (2001). Ambivalence about health-related behaviours: An exploration in the domain of food choice. *British Journal of Health Psychology, 6(1),* 53-68.

Statista (2015a). Absatz von Opel und Vauxhall in Europa bis 2015. http://de.statista.com/statistik/daten/studie/74556/umfrage/absatz-von-opel-und-vauxhall-in-europa/, letzter Abruf: 15. Januar 2016.

Statista (2015b). Anzahl der Personenkraftwagen in Deutschland bis 2015. http://de.statista.com/statistik/daten/studie/3402/umfrage/anzahl-der-personenkraftwagen-in-deutschland/, letzter Abruf: 20. Oktober 2015.

Statista (2015c). Umfrage zu den zuverlässigsten Informationsquellen vor einem Autokauf. http://de.statista.com/statistik/daten/studie/271427/umfrage/umfrage-zu-den-zuverlaessigsten-informationsquellen-vor-einem-autokauf/, letzter Abruf: 29. Dezember 2015.

Stevens, James P. (2009). *Applied multivariate statistics for the social sciences* (5. Auflage). New York. Taylor & Francis.

Suwelack, Thomas, Hogreve, Jen, & Hoyer, Wayne D. (2011). Understanding money-back guarantees: Cognitive, affective, and behavioral outcomes. *Journal of Retailing, 87(4),* 462-478.

Thompson, Megan M., Zanna, Mark P., & Griffin, Dale W. (1995). *Let's not be indifferent about (attitudinal) ambivalence.* In Richard E. Petty & Jon A. Krosnick (Eds.), *Attitude strength: Antecedents and consequences* (S. 361-386). Mahwah: Erlbaum.

Tuu, Ho Huy, & Olsen, Svein Ottar (2010). Ambivalence and involvement in the satisfaction-repurchase loyalty relationship. *Australasian Marketing Journal, 18(3),* 151-158.

Van Harreveld, Frenk, Nohlen, Hannah U., & Schneider, Iris K. (2015). The ABC of ambivalence: Affective, behavioral, and cognitive consequences of attitudinal conflict. *Advances in Experimental Social Psychology, 52(1),* 285-324.

Van Harreveld, Frenk, Rutjens, Bastiaan T., Rotteveel, Mark, Nordgren, Loran F., & van der Pligt, Joop (2009a). Ambivalence and decisional conflict as a cause of psychological discomfort: Feeling tense before jumping off the fence. *Journal of Experimental Social Psychology, 45(1),* 167-173.

Van Harreveld, Frenk, Rutjens, Bastiaan T., Schneider, Iris K., Nohlen, Hannah U., & Keskinis, Konstantinos (2014). In doubt and disorderly: Ambivalence promotes compensatory perceptions of order. *Journal of Experimental Psychology, 143(4),* 1666-1676.

Van Harreveld, Frenk, Schneider, Iris K., Nohlen, Hannah, & van der Pligt, Joop (2012). *The dynamics of ambivalence: Evaluative conflict in attitudes and decision making.* In Bertram Gawronski & Fritz Strack (Eds.), *Cognitive consistency: A fundamental principle in social cognition* (S. 267-284). New York: Guilford Press.

Van Harreveld, Frenk, van der Pligt, Joop, & de Liver, Yael N. (2009b). The agony of ambivalence and ways to resolve it: Introducing the MAID model. *Personality and Social Psychology Review, 13(1),* 45-61.

Weiber, Rolf, & Mühlhaus, Daniel (2014). *Strukturgleichungsmodelle: Eine anwendungsorientierte Einführung in die Kausalanalyse mit Hilfe von AMOS, SmartPLS und SPSS* (2. Auflage). Berlin: Springer Gabler.

Wiedemann, Amelie U. (2014). *Intentions-Verhaltens-Lücke.* In Markus A. Wirtz (Ed.), *Dorsch: Lexikon der Psychologie* (17. Auflage) (S. 802). Bern: Verlag Hans Huber.

Williams, Patti, & Aaker, Jennifer L. (2002). Can mixed emotions peacefully coexist? *Journal of Consumer Research, 28(4),* 636-649.

Wiswede, Günter (2004). *Sozialpsychologie-Lexikon.* München: Oldenbourg.

Xie, Hui, Miao, Li, Kuo, Pei-Jou, & Lee, Bo-Youn (2011). Consumers' responses to ambivalent online hotel reviews: The role of perceived source credibility and pre-decisional disposition. *International Journal of Hospitality Management, 30(1),* 178-183.

Yoo, Sung-jin (2010). Two types of neutrality: Ambivalence versus indifference and political participation. *The Journal of Politics, 72(1),* 163-177.

Young, William, Ferguson, Stuart, Brault, Sébastien, & Craig, Cathy (2011). Assessing and training standing balance in older adults: A novel approach using the "Nintendo Wii" Balance Board. *Gait & Posture, 33(2),* 303-305.

Zajonc, Robert B. (1968). Attitudinal effects of mere exposure. *Journal of Personality and Social Psychology, 9(2),* 1-27.

Zajonc, Robert B. (1984). On the primacy of affect. *American Psychologist, 39(2),* 117-123.

Zanna, Mark P., Lepper, Mark R., & Abelson, Robert P. (1973). Attentional mechanisms in children's devaluation of a forbidden activity in a forced-compliance situation. *Journal of Personality and Social Psychology, 28(3),* 355-359.

Zeelenberg, Marcel, van Dijk, Wilco W., & Manstead, Antony S. R. (1998). Reconsidering the relation between regret and responsibility. *Organizational Behavior and Human Decision Processes, 74(3),* 254-272.